OEUVRES
DE
Mr. MARIOTTE,
de l'Académie Royale des Sciences;

DIVISÉES EN DEUX TOMES,

Comprenant tous les Traitez de cet Auteur, tant ceux qui avoient déja paru séparément, que ceux qui n'avoient pas encore été publiez;

Imprimées sur les Exemplaires les plus exacts & les plus complets;
Revuës & corrigées de nouveau.

TOME SECOND.

A LEIDE,
Chez PIERRE VANDER Aa,
Marchand Libraire, Imprimeur de l'Université & de la Ville.

M D C C XVII.

TABLE DES TRAITEZ qui sont dans ce TOME SECOND.

NOUVELLE DECOUVERTE TOUCHANT LA VUË,

contenuë en plusieurs Lettres écrites

Par Messrs. MARIOTTE, PECQUET & PERRAULT;

de l'Académie Royale des Sciences.

Nouvelle Edition, revûë & corrigée.

LETTRE
DE
MONSIEUR MARIOTTE
A
MONSIEUR PECQUET.

ONSIEUR,

Pour ce qui est de mon Observation touchant le défaut de Vision, qui arrive quand la Peinture d'un Objet tombe justement sur le Nerf-optique ; je vous dirai qu'il y a long-tems que la curiosité de savoir si la Vision étoit plus ou moins forte à l'endroit du Nerf-optique, me fit faire une remarque curieuse, à laquelle je ne m'attendois pas. Je tenois pour certain que la Vision se faisoit par la reception des Rayons qui font la Peinture des Objets au fonds de l'Oeil, & que cette Peinture étoit dans une situation renversée & opposée à celle des Objets qu'elle représente. J'avois d'ailleurs souvent observé par l'Anatomie tant des Hommes que des Animaux, que jamais le Nerf-optique ne répond justement au milieu du fonds de l'Oeil, c'est à dire, à l'endroit où se fait la Peinture des Objets qu'on regarde directement ; & que dans l'Homme il est un peu plus haut, & à côté tirant vers le Nez. Pour faire donc tomber les Rayons d'un Objet sur le Nerf-optique de mon Oeil, & éprouver ce qui en arriveroit, j'attachai sur un fonds obscur, environ à la hauteur de mes yeux, un petit rond de papier blanc, pour me servir de point de Vûë fixe ; & cependant j'en fis tenir un autre à côté vers ma droite, à la distance d'environ deux piés, mais un peu plus bas que le premier, afin qu'il pût donner sur le Nerf-optique de mon Oeil droit, pendant que je tiendrois le gauche fermé. Je me plaçai vis-à-vis du premier papier, & m'en éloignai peu-à-peu, tenant toujours mon Oeil droit arrêté dessus ; & lors que je fus à la distance d'environ neuf piés, le second papier, qui étoit grand de près de quatre pouces, me disparut entiérement. Cependant je ne pouvois pas attribuer cela à l'obliquité de cét Objet, d'autant que je remarquois d'au-

tres

tres objets qui étoient encore plus à côté ; de ſorte que j'euſſe pû croire, qu'on me l'avoit ſubtilement ôté, ſi je ne l'euſſe retrouvé en remüant tant ſoit peu mon Oeil. Mais auſſi-tôt que je venois à regarder fixement mon premier papier, cét autre qui étoit à droit, diſparoiſſoit à l'inſtant ; & pour le retrouver ſans remuër l'Oeil, il falloit un peu changer de place. Je fis enſuite la même expérience en d'autres diſtances, éloignant ou approchant les papiers l'un de l'autre à proportion. Je la fis encore avec l'Oeil gauche, en tenant le droit fermé, après avoir fait porter le papier à la gauche de mon point de vuë : de ſorte que par la ſituation des parties de l'Oeil, il n'y a pas lieu de douter que ce ne ſoit ſur le Nerf-optique que ſe fait ce défaut de Viſion. Et c'eſt une choſe très-ſurprenante, que lorſque par cette maniére on perd de vuë un rond de papier noir attaché ſur un fonds blanc, on n'apperçoit aucun ombrage ou obſcurité à l'endroit où eſt le papier noir ; mais le fonds paroît blanc en toute ſon étenduë.

Je communiquai la découverte de ce défaut de Viſion à pluſieurs de mes amis, à qui la même choſe arriva, mais non pas toujours ſi préciſément à même diſtance ; & j'attribuai cette diverſité à la différente ſituation de leur Nerf-optique. Le R. P. de Billy fut un des premiers à qui je fis part de cette Expérience. Vous l'avez faite vous même dans la Bibliothéque du Roi, où je la fis voir à Meſſieurs de votre Aſſemblée ; & vous remarquâtes comme moi cette diverſité, y en ayant eu quelques-uns, qui dans les diſtances que j'ai dites, perdirent de vuë un papier grand de huit pouces, & d'autres qui ne ceſſérent de le voir, que lors qu'il fut un peu plus petit : ce qui ne peut venir que des différentes groſſeurs du Nerf-optique en différens Yeux.

Cette Expérience ainſi confirmée m'a depuis donné lieu de douter que la Viſion ſe fit dans la Retine comme je l'avois cru ſuivant l'opinion la plus commune, & m'a fait conjecturer, que c'étoit plutôt dans cette autre membrane qu'on voit au fond de l'Oeil au travers de la Retine, & qu'on appelle Choroïde. Car ſi c'étoit dans la Retine, il ſemble que la Viſion ſe devroit faire par tout où cette Retine ſe rencontre ; & comme elle couvre tout le Nerf, auſſi bien que le reſte du fond de l'Oeil, il n'y auroit pas de raiſon pourquoi il ne ſe feroit point de Viſion à l'endroit du Nerf-optique où elle eſt : Au contraire, ſi c'eſt dans la Choroïde, on verra clairement que la raiſon pour laquelle la Viſion ne ſe fait point à l'endroit du Nerf-optique, eſt parce que cette membrane part des bords de ce Nerf, & n'en couvre point le milieu, comme elle fait le reſte du fond de l'Oeil.

Vous ſavez les autres raiſons que j'ai déduites dans un Ecrit, que j'ai laiſſé dans votre Aſſemblée, & que vous pouvez revoir, leſquelles me font conclure plutôt en faveur de la Choroide, que de la Retine. Vous me ferez plaiſir de m'en dire librement votre ſentiment, comme n'étant pas de ceux qui veulent donner des conjectures pour des démonſtrations. Je continuë à faire des recherches ſur cette matiére ; ſi je rencontre quelque choſe digne de vous, je vous le ferai ſavoir, &c.

A Dijon, ce 1668

REPONSE
DE
MONSIEUR PECQUET
A LA LETTRE DE
MONSIEUR MARIOTTE.

ONSIEUR,

J'ai recû avec beaucoup de joie la Lettre que vous m'avez fait l'honneur de m'écrire au ſujet de votre Obſervation, touchant le défaut de Viſion qui arrive quand la Peinture d'un Objet tombe juſtement ſur le Nerf-optique. J'en ai fait part à nos Curieux, qui en ont été très-ſatisfaits. Chacun s'eſt étonné de voir que perſonne avant vous ne ſe ſoit apperçû de ce défaut de Viſion, que tout le monde expérimente depuis que vous en avez donné la connoiſſance : car lors que nous regardons une Etoile, nous en perdons ſouvent de vuë une autre qui eſt à côté, & nous perdons même la Lune toute entiére, qui nous diſparoîtroit encore, quand elle ſeroit de beaucoup plus grande qu'elle n'eſt. Le hazard fait quelquefois trouver ce qu'on ne cherchoit point ; je lui ſuis redevable de beaucoup de nouveautez. Mais ils y a peu de gens qui en trouvent, comme vous, en les cherchant : il faut avoir pour cela un génie comme le vôtre, & des yeux auſſi clair-voyans que vous en avez.

J'ai lû vos ſentimens touchant la Choroïde. J'ai examiné les raiſons qui vous portent à croire que cette Membrane eſt *le principal organe de la Viſion.* J'ai même relû l'Ecrit que vous laiſſâſtes, avant votre départ, en la Bibliothéque du Roi : & je n'ai rien trouvé qui m'ait paru aſſez convainquant pour abandonner le parti de la Retine. Et puis que vous voulez que je vous en diſe librement ma penſée, je vous prie de le recevoir, comme un effet de ma ſincérité, & du deſir que j'ai de rechercher la vérité.

Pour

Pour ôter à la Retine l'avantage qu'on lui donne ordinairement d'être le principal organe de la Viſion, vous dites dans votre Ecrit, *qu'elle eſt tranſparente, & qu'elle ne reçoit que très-peu d'impreſſion de la Lumiére, non plus que les corps diaphanes, tels que ſont l'Air & l'Eau: & qu'au contraire, les corps noirs & opaques, comme eſt la Choroïde, ſont facilement échauffez par la Lumiére.*

Je demeure d'accord que la Retine a quelque tranſparence. On voit au travers de cette Membrane les couleurs de la Choroïde, quand elle lui eſt contiguë : mais il n'y a point de comparaiſon à faire avec l'Air ni avec l'Eau ; la tranſparence de la Retine étant preſque ſemblable à celle du papier huilé, & un peu moindre que celle de la corne qui ſert aux lanternes. Elle eſt blanche, & ſa blancheur la rend aſſez opaque pour arrêter les eſpéces des Objets autant qu'il eſt néceſſaire pour la Viſion, qui ne ſe pourroit pas faire aſſez diſtinctement dans la Choroïde au travers de la Retine. Car s'il falloit que les eſpéces paſſaſſent juſqu'à la Choroïde, l'opacité de la Retine ſeroit auſſi nuiſible à la Viſion, que s'il ſe rencontroit une ſemblable opacité dans la Cornée, dans le Cryſtallin, ou dans les autres humeurs de l'Oeil, que la Nature a fait diaphanes, pour laiſſer paſſer les eſpéces juſqu'à l'organe de la Vuë.

Il eſt aiſé de remarquer l'opacité de la Retine. Il faut avoir un œil bien frais, couper doucement la Sclerotique & la Choroïde, les lever adroitement, & laiſſer la Retine étenduë ſur l'Humeur-vitrée ; & alors on ne voit pas bien au travers de cette membrane. L'opacité de la Retine ſe reconnoît encore, quand on la plonge dans l'eau, car elle s'y voit toute blanche, & preſque ſans tranſparence.

La noirceur de la Choroïde, que vous jugez néceſſaire pour la Viſion, ne ſe rencontre pas également en toutes ſortes d'yeux. On la trouve à la vérité aux yeux des hommes ; mais le degré de noirceur y eſt différent, ſuivant la diverſité des individus. Il en eſt de même des yeux des Oiſeaux, & de quelques autres Animaux, où cette noirceur ſe rencontre ; mais aux yeux des Lions, des Chameaux, des Ours, des Bœufs, des Cerfs, des Brebis, des Chiens, des Chats, & de beaucoup d'autres Animaux, nous voyons ſouvent des couleurs auſſi vives que celles de la Nacre de Perle & de l'Iris, qui forment une maniére de tapis dans le fonds de la Choroïde, au lieu le plus expoſé aux Rayons viſuels. Et quand nous ratiſſons doucement ces couleurs avec un ſcalpel, nous découvrons une ſubſtance blanche, dont cette partie eſt enduite de telle ſorte, qu'elle ne peut permettre aux eſpéces des Objets de paſſer juſqu'au noir de la Choroïde, afin d'y faire l'impreſſion que vous demandez pour y produire la Viſion : & il ſemble que ce noir n'a point d'uſage plus conſidérable que celui d'empêcher que la Lumiére n'entre dans l'Oeil par un autre endroit que par le trou de l'Uvée antérieure, c'eſt à dire par la Prunelle. Car ſi cette noirceur n'étoit pas en la Choroïde, comme un rideau derriére toute la Sclerotique ; la

 Lu-

Lumiére entreroit au travers de cette Sclerotique, comme au travers d'un parchemin, & allant jusqu'à fonds de l'œil effacer les espéces des Objets, empêcheroit par ce moyen la Vision de se faire.

Les Poissons ont aussi au fonds de la Choroïde une couleur fort éclatante, mais d'une autre sorte. Elle paroît comme font les brillans d'argenterie, ou le lustre des Perles Orientales.

Cette varieté de couleurs ne se rencontre point dans la Retine. Elle garde en toutes sorte d'yeux sa blancheur & son opacité; & c'est ce qui me persuade qu'elle est plus propre à la Vision que n'est la Choroïde: car l'uniformité & l'indifférence qu'elle a pour toutes les couleurs, lui donne la facilité de recevoir l'impression de leurs différences; ce que ne peut faire cette multitude de couleurs qui se trouve au fonds de la Choroïde, laquelle se mélant avec celles qui viennent des Objets, ne pourroit porter au sens de la Vuë qu'une très-grande confusion.

Quand vous dites que les corps noirs reçoivent beaucoup plus d'impression de la Lumiére que les blancs; cela se doit entendre lors que cette lumiére est reçûë immédiatement sur un corps noir, & sans qu'il y ait aucun milieu qui puisse affoiblir ses rayons. Le papier noir exposé au foyer d'un Miroir ardant, est brûlé presqu'en un moment. Le blanc ne se brûle que difficilement, si la Lumiére n'y rencontre quelque noirceur, ou quelque ordure; & quand le Papier noir est appliqué derriére le blanc, il ne reçoit qu'une legére impression de chaleur qui ne le brûle pas. Mais il ne s'agit pas ici de cette impression de chaleur, ni de toutes les autres impressions que la Lumiére peut produire: il s'agit seulement de celle qui se fait en la représentation distincte des Objets, qui n'a pas besoin de chaleur, mais seulement d'une Lumiére moderée pour l'éclairer; ce qui ne se peut pas si bien faire sur la Choroïde, que sur la Retine qui fait obstacle à la Choroïde, & qui n'en a aucun devant elle, quand la Cornée & les humeurs de l'Oeil ne sont point alterées.

Vous ajoutez dans vôtre Ecrit, *Que la Retine ne pénétre point dans le Cerveau, comme fait la Choroïde, qui envelope le Nerf-optique au delà de l'Oeil, & l'accompagne jusqu'au milieu du Cerveau.*

Ce discours m'a un peu surpris: car la Retine, comme vous savez, prend son origine de toute l'extrémité du Nerf-optique qui aboutit au fonds de l'Oeil, de même qu'une fleur vient de toute l'extrémité de sa tige. Elle est composée de Filamens fort déliez, qui ne peuvent venir que de ceux du Nerf. Ces Filamens paroissent aisément dans l'eau, quand on y plonge cette Membrane; car ils sont plus opaques que l'eau & que la Tunique muqueuse dont ils sont envelopez, laquelle disparoît dans l'eau. Ce sont ces Filamens qui lui ont fait donner le nom de Retine, s'il en faut croire les Anatomistes. Elle a des Veines & des Artéres qui se glissent entre ces Filamens, & qui ne sont couvertes que de la Tunique muqueuse, qui les tient liées ensemble. Et d'autant que cette

cette Tunique muqueuſe eſt tranſparente, elle n'empêche point de voir ces vaiſſeaux quand ils ſont pleins de ſang, comme s'ils n'étoient revêtus que de leur propre membrane.

De cette compoſition & de cette origine de la Retine, il eſt aiſé de juger quelle continuité elle doit avoir avec le Cerveau; puiſque par le moyen du Nerf-optique, dont on peut dire qu'elle eſt une production, elle tire ſa premiére origine de la principale partie du Cerveau, qui eſt cette tuberoſité qui fait le haut de la moëlle de l'Epine, d'où partent les principaux Nerfs qui ſervent à nos ſens.

La Choroïde n'a pas cet avantage. Elle eſt compoſée à la vérité de la Pie-mére: & cette Pie-mére lui peut bien donner un ſentiment de douleur, qui eſt commun à toutes les Membranes; mais non pas celui de la Vuë, qui demande une autre impreſſion que celle qui fait la douleur. La Membrane que la Pie-mére donne à la Choroïde doit être diaphane, comme cette Pie-mére l'eſt au delà de l'Oeil, & dans le Cerveau; & elle doit par conſéquent laiſſer paſſer les Rayons viſuels juſqu'aux vaiſſeaux qui l'envelopent, & qui font la noirceur qu'on voit en la Choroïde à cauſe du ſang qu'ils contiennent: Mais ces vaiſſeaux qui viennent du Cœur, n'ont aucune aptitude pour la viſion, qui ne ſe peut faire ſans communication avec le Cerveau. Ces vaiſſeaux prennent leur origine des Artéres Carotides & de la Jugulaire interne; & paſſant au travers de la Sclerotique, qu'ils percent en divers endroits, ils la tiennent attachée & comme couſuë avec la Choroïde, qu'ils rendent opaque, & qu'ils font reſſembler au *Chorium*, ou au *Placenta* du *Fœtus*; d'où les Anatomiſtes lui ont donné le nom de Choroïde. Parmi ces Veines & ces Artéres il y a auſſi quelques Filamens de Nerfs, qui viennent des Moteurs de l'Oeil; mais ils ne ſont pas pour ſervir à la viſion: de ſorte que je ne vois encore rien dans la Choroïde, qui lui donne autant de communication avec le Cerveau, qu'en a la Retine, laquelle ne prend ſon origine que du Nerf-optique.

Vous jugez bien par ce diſcours, que je n'ai pas de peine à croire que la Choroïde eſt renduë opaque par les vaiſſeaux qui l'environnent; parce que ces vaiſſeaux ſont au dedans de la Sclerotique, comme un rideau fort noir qui arrête la Lumiére, & l'empêche de paſſer juſqu'à cette Membrane déliée, qui fait ce que vous appellez Choroïde. Je ne nie pas non plus, que cette noirceur ne pût recevoir l'impreſſion de la Lumiére, ſi la meilleure partie des eſpéces n'étoit arrêtée par l'opacité de la Retine, qui eſt ſuffiſante pour retenir l'image des Objets; comme nous voyons qu'elle fait quand nous regardons dans un œil recent, au haut duquel on a fait ouverture, afin d'obſerver ce qui ſe paſſe au dedans. Car nous voyons au travers des Humeurs, que l'image des Objets ſe peint diſtinctement ſur la ſurface antérieure de la Retine. Nous le voyons encore mieux, quand cette ouverture eſt faite au fond de l'Oeil à l'oppoſite de la prunelle, & qu'on a ſeulement laiſſé

la

la Retine étenduë sur les Humeurs: car cet Oeil étant appliqué au trou d'une chambre obscure, nous voyons les images des Objets arrêtées sur la Retine, comme nous les voyons sur un papier huilé. Et c'est ce qui m'a empêché jusqu'à présent d'abandonner son parti pour prendre celui de la Choroïde, jusqu'à ce que je sois convaincu par de meilleures raisons. Mais passons aux autres Argumens dont vous vous servez dans votre Ecrit.

Vous dites, *Qu'il est nécessaire, pour faire la vision distincte, que les Rayons qui viennent à l'Oeil de chaque point de l'Objet, s'unissent en un point sur l'Organe; & que la Retine étant épaisse d'une demi-ligne, si les Rayons s'unissent en sa surface contiguë à l'humeur vitrée, ils s'entrecouperont, & tomberont en divers points, sur son autre surface, laquelle est contiguë à la Choroïde; & s'ils s'unissent sur cette autre surface, ils auront passé par divers points de l'autre. Que s'ils s'unissent entre ces deux surfaces, au dedans de l'épaisseur de la Retine, ils tomberont en divers points sur les deux surfaces; & en toutes ces maniéres il se fera une Vision confuse: au lieu que la Choroïde étant fort déliée & opaque, elle peut recevoir en un point les Rayons d'un même point lumineux.*

Je conviens avec vous, *Qu'il est nécessaire pour faire la Vision distincte, que les Rayons qui viennent à l'Oeil de chaque point de l'Objet, s'unissent en un point sur l'Organe.* Mais vous devez aussi convenir avec moi, que ce point n'est pas un point Mathématique, mais un point Physique, qui a de la grandeur, & même une grandeur considerable, puisque dans la plus petite partie d'un Objet que nos yeux puissent voir, nous en découvrons beaucoup d'autres avec le Microscope, & nous pouvons dire alors, que nous voyons l'Objet beaucoup plus distinctement qu'auparavant, quoiqu'il ne nous parût aucunement confus. D'où il est évident, que si ce point tombe sur la Retine, il couvrira autant d'espace en la surface de cette Membrane, qu'il sera gros; & que s'il tombe dans l'épaisseur de la Retine, il occupera du moins toute cette épaisseur, principalement dans l'Oeil de l'homme, où la Retine n'est gueres plus épaisse qu'une feuille de papier commun, dont il faut près de vingt épaisseurs pour faire une ligne. Car quand vous dites que la Retine *est épaisse d'une demi-ligne*, je ne pense pas que vous entendiez parler de celle des Yeux de l'homme; & je ne sçai pas même en quels Animaux elle a tant d'épaisseur, puisque les Bœufs, les Chevaux, les Cerfs, les Lions, les Ours, les Sangliers, les Pourceaux, les Brebis, les Chiens, & les autres grands Animaux, qui sont venus jusqu'à présent à ma connoissance, n'ont pas la Retine plus épaisse que trois ou quatre feuilles de papier, qui ne font pas un quart de ligne. Ainsi je ne voi pas que tout votre Discours puisse jusques ici donner atteinte à l'opinion de ceux qui tiennent que la Retine est le principal Organe de la Vuë.

Mais quand je vous accorderois que la Retine auroit autant d'épaisseur

ſeur que vous lui en donnez ; cette épaiſſeur ne ſerviroit qu'à la rendre plus blanche & plus opaque, & à laiſſer paſſer moins de Rayons juſqu'à la Choroïde, qui deviendroit par ce moyen, moins propre à être l'organe de la Vuë.

Vous ajoutez, *Que la Choroïde étant fort déliée & opaque, elle peut recevoir en un point les Rayons d'un même point lumineux.* Je n'en douterois nullement, quand même elle ſeroit fort épaiſſe, ſi la Retine, qui a beaucoup d'opacité, ne lui faiſoit point d'obſtacle : mais je ſuis convaincu que cette opacité de la Retine peut arrêter l'image des objets, & les empêcher de paſſer, ſi ce n'eſt peut-être très-foiblement, juſqu'à la Choroïde ; & je ne puis m'en départir que vous n'ayez démontré le contraire. Mais venons au plus fort de vos Raiſonnemens, qui eſt fondé ſur le défaut de viſion, qui arrive en l'expérience que vous nous avez fait voir.

Il s'enſuit, dites-vous, *de cette expérience, que puiſque la viſion ſe fait par tout où eſt la Choroïde, & qu'il ne ſe fait point de viſion où la Choroïde n'eſt pas, quoique la Retine y ſoit, cette Choroïde eſt le principal organe de la viſion, & non pas la Retine.*

Je ſai que la Choroïde n'eſt point étenduë ſur l'extrémité du Nerf-optique. Elle eſt percée au fonds de l'Oeil pour y laiſſer entrer ce Nerf, afin de donner la naiſſance à la Retine, qui n'eſt qu'un épanchement des Filamens qui lui viennent du Nerf, envelopez d'une membrane muqueuſe, laquelle eſt arroſée par des vaiſſeaux qui lui viennent auſſi du même Nerf ou de ſa circonférence.

Je conçois au ſortir du Nerf, l'épanchement de ces Filamens, comme celui des Fibres qui ſortent de la tige d'une plante, & s'étendent de toutes parts pour former une fleur au bout de cette tige : & je conçois au milieu de l'épanchement de ces Filamens, un point qui doit être le centre de cet épanchement ; de même qu'au milieu d'une houpe à poudrer qui eſt renverſée, & dont les fils ſont épars de tous côtez, il y a un point qui eſt le centre de tous ces fils.

Cet épanchement des Filamens qui compoſent la Retine, ſe peut concevoir en deux maniéres. La premiére eſt en s'imaginant que tous les Filamens qui ſont les plus proches du centre du Nerf-optique, vont aboutir préciſément à ſa circonférence, après l'avoir également couverte en s'épanchant de tous côtez, ſans qu'aucun de ces Filamens aboutiſſe dans l'étenduë du Nerf, avant que d'être arrivé à ſa circonférence ; & que les autres Filamens du Nerf-optique vont aboutir plus loin dans toute l'étenduë de la Retine, à proportion qu'ils ſont éloignez du centre du Nerf, quand ils en ſortent ; & qu'ainſi toute la ſurface interne de la Retine eſt compoſée de l'aboutiſſement de tous ces Filamens, à la réſerve de l'étenduë de cette extrémité du Nerf où n'aboutit aucun Filament. Cela étant conçû de la ſorte, ſi l'on ſuppoſe, comme font quelques-uns de nos Philoſophes modernes, que la viſion ne ne se fait que lorsque les Rayons visuels tombent sur l'extrémité de quelqu'un de ces Filamens ; on pourra rendre raison de votre expérience. Car toute l'étenduë de cette extrémité du Nerf n'ayant aucun aboutissement des Filamens depuis son centre jusqu'à sa circonférence, ne recevra l'impression des Rayons visuels nécessaire à la Vision, que sur cette circonférence : ce qui sera cause qu'on ne verra point l'obiet dont les espéces tomberont au dedans de la même circonférence. Mais d'autant que cét aboutissement des Filamens de la Retine est peut-être un effet de l'imagination aussi-tôt que de la Nature, n'y ayant pas trop de raison de ne faire aboutir aucun Filament entre le centre du Nerf & sa circonférence, & mêmes dans le milieu du centre ; je ne voi pas assez de certitude en cette opinion, pour être obligé de la suivre.

L'autre maniére de concevoir l'épanchement des Filamens de la Retine, est de se les imaginer allans tous aboutir aux extrémitez de cette tunique, comme font les fibres de la Plante aux extrémitez de sa Fleur, ou comme les fils d'une houpe renversée, aux extrémitez de l'étenduë de cette houpe : auquel cas il faut de nécessité qu'on s'imagine au milieu de ces Filamens un point d'où ils commencent de s'écarter, & qu'on y conçoive quelque profondeur semblable à celle qu'on voit au milieu de la houpe. Et si l'on considére de quelle façon les Rayons visuels tombent à l'endroit de ce point & aux environs, lors qu'on fait votre expérience ; on trouvera qu'ils y tombent d'une autre maniére qu'aux endroits de ces mêmes Filamens où la Vision se fait. Car ceux-ci sont frapez directement, & ceux qui sont aux environs du point à l'endroit le plus profond, ne sont point du tout frapez, ou ils le sont si obliquement, que cela pourroit causer le défaut de Vision, principalement quand l'objet n'est pas trop lumineux ; car ceux qui le sont, comme est une chandelle lorsqu'on la voit éloignée de quatre ou cinq pas, ne se perdent pas si absolument qu'on n'en apperçoive la lumiére.

Mais il y a encore à l'endroit du Nerf-optique une chose, qui pourroit bien causer cette perte d'Objet. Ce sont les vaisseaux de la Retine, dont les troncs sont assez gros pour faire obstacle à la Vision.

Ces vaisseaux, qui ne sont que des rameaux de Veines & d'Artéres, tirent leur origine du Cœur ; & n'ayant point de communication avec le Cerveau, n'y peuvent pas porter les espéces des Objets. Si donc les Rayons visuëls qui partent d'un Objet, tombent sur ces vaisseaux à l'endroit de leur tronc ; il est constant que l'impression qu'ils y feront ne produira point de Vision, & que la peinture de cét Objet y sera défectueuse, comme il arrive sur le papier blanc dans une chambre obscure, quand il y a en ce papier quelque tache noire ou quelque trou d'une grandeur considérable ; car plus cette noirceur ou ce trou sont sensibles, plus ils dérobent à nos yeux de l'image des Objets.

Il n'en est pas de même à l'égard des petits rameaux qui partent de ces

ces troncs, pour se répandre dans la Retine. Car quand ils se rencontreroient, comme il arrive souvent, à l'endroit du fond de l'Oeil où se fait la vision distincte, ils ne rendroient point l'image de l'Objet défectueuse, parce qu'ils sont si petits, qu'ils ne sont pas sensibles. C'est ainsi que dans nos miroirs, quand ils manquent de plomb ou d'étain en quelque endroit assez grand pour s'en appercevoir, l'image que nous y voyons paroît trouée : ce qui n'arrive pas quand il n'y a qu'un petit trou, comme pourroit être celui que feroit la pointe d'une aiguille.

Je sai bien que l'impression d'une image qui se fait dans l'Oeil sur la Retine, ou sur le papier blanc dans une chambre obscure, est bien différente de celle que nous voyons dans nos miroirs. Car l'image se peint sur la surface de la Retine & du papier, comme si c'étoit un véritable tableau qu'on voit toujours au même endroit, de quelque part qu'on le regarde: Mais l'image ne se peint point du tout sur la surface de nos Miroirs : elle se peint seulement dans nos yeux, & paroît aussi éloignée derriére la glace, que l'Objet qui envoye son image sur cette glace en est éloigné en effet. D'où il est aisé de juger que les Miroirs ne reçoivent point d'impression des Rayons visuels, d'autant que ces Rayons ne s'y arrêtent pas, mais seulement s'y refléchissent, & que l'objet ne s'y voit que par ces Rayons refléchis, qui en portent l'image dans les Yeux.

Ainsi toutes les fois que l'espéce d'un Objet tombera sur les troncs des vaisseaux de la Retine, elle s'y perdra sans doute, à proportion que ces troncs seront gros : & cette perte fera dans le total de l'image un deffaut, qui paroitra plus ou moins distant du papier que vous établissez pour le point fixe de votre expérience, suivant que ces troncs des vaisseaux seront plus ou moins éloignez de l'axe des Rayons, qui tombe au fonds de l'Oeil, à l'endroit où la Vision se fait le mieux ; étant certain qu'en toutes sortes d'Yeux, ils ne sont pas toujours également distans de cét Axe : car souvent ces vaisseaux entrent dans la Retine par le centre du Nerf, quelquefois par la circonférence, & quelquefois aussi par l'espace qui est entre le centre & la circonférence. Et ce pourroit bien être la raison pour laquelle nous remarquons qu'il faut éloigner plus ou moins le papier qu'on perd de vuë, suivant la diversité des personnes qui font cette Expérience : car les uns perdent ce papier à la distance de deux piés, les autres à moins de deux piés, & les autres à une distance plus grande ; les uns le perdent un peu plus haut, & les autres un peu plus bas, selon que les troncs des vaisseaux sont situez à l'égard du Nerf-optique ; & les uns en perdent davantage que les autres, selon que les vaisseaux sont plus ou moins gros, car leur grosseur est aussi différente que les tempéramens des individus. Et parce qu'il est difficile de déterminer précisément le lieu où l'Objet se perd dans toutes sortes d'Yeux, nous avons sujet de croi-

 re

re que cette perte ne se fait pas toujours sur l'étenduë du Nerf où est la Retine, mais qu'elle se fait quelquefois hors de cette étenduë où la Choroïde se trouve. Car les troncs des vaisseaux de la Retine sont assez gros & assez longs pour s'étendre au deça ou au delà du Nerf, & cacher par ce moyen quelque partie de la Choroïde, à proportion de leur grandeur; & en ce cas il sera vrai de dire que la vision ne se fait point en tous les endroits où la Choroïde se trouve, quoiqu'ils soient exposez à la Lumiére: ce qui pourroit bien donner une atteinte à votre opinion; car vous ne pouvez pas douter que ces troncs n'empêchent alors les espéces des Objets qui tomberont dessus, d'aller jusqu'à la Choroïde, & que l'image ne soit défectueuse en cét endroit, d'autant que ces espéces ne pourront faire impression sur l'organe de la Vision au travers de ces vaisseaux.

Voilà, Monsieur, les principales raisons de mes doutes touchant cét organe de la Vision. Je vous avouë que votre expérience m'auroit déja déterminé en faveur de la Choroïde, si ces vaisseaux de la Retine, & l'opacité de cette Membrane ne me tenoient encore en suspens. Car je ne puis quitter l'opinion commune, pour en embrasser une autre qui n'est point démontrée, & qui demeure problématique. J'espére que vous me donnerez de nouvelles lumiéres qui me convaincront facilement, ayant toute l'inclination possible de suivre vos sentimens, ausquels je déférerai toujours avec respect.

Une belle découverte comme la vôtre ne pouvoit pas manquer d'être bien-tôt confirmée: car comme le secret de votre Expérience est de faire que la peinture d'un Objet tombe justement sur le Nerf-optique, ou aux environs de ce Nerf; M. Picard s'est avisé d'une maniére par laquelle on perd un Objet en tenant les deux yeux ouverts, à cause qu'on fait tomber l'image ou la peinture de cét Objet sur les deux Nerfs-optiques en même tems; & voici comment.

TAB. XXII. Il faut attacher contre une muraille un rond de papier blanc A de la grandeur d'un pouce ou deux, & à côté de ce papier faire deux marques B C sur la muraille, l'une à droite & l'autre à gauche, chacune éloignée d'environ deux piés; puis se placer directement devant le papier à la distance de neuf piés ou environ, & mettre le bout de son doigt vis-à-vis de ses deux Yeux, comme en D, en sorte qu'il cache à l'Oeil droit la marque gauche faite à côté du papier, & à l'Oeil gauche la marque droite. Si l'on demeure ferme en cette posture & que l'on regarde fixement des deux yeux le bout de son doigt, le papier qui n'en est nullement couvert, disparoitra entiérement: ce qui doit être d'autant plus surprenant, que sans la rencontre particuliére des Nerfs-optiques E F où il ne se fait point de vision, & sur lesquels les Rayons A E, A F, tombent quand on perd de vuë le papier A, le papier paroitroit double, comme on éprouvera toutes les fois que le doigt ne sera pas placé comme il faut, ou que la vûë se portera tant soit

ſoit peu à côté, dont la raiſon vous eſt aſſez connuë ſans qu'il ſoit beſoin de l'expliquer ici.

L'application de cette maniére à la vôtre eſt facile. Car quand on regarde fixement des deux Yeux le bout de ſon doigt qu'on a poſé au devant des marques, c'eſt tout de même que ſi on pointoit chaqu'Oeil en particulier à l'endroit qu'il faut regarder pour perdre le papier : de ſorte qu'on fait avec les deux Yeux la même choſe que ce que vous faites avec un, en tenant l'autre fermé, &c.

SECONDE LETTRE
DE
MONSIEUR MARIOTTE
A
MONSIEUR PECQUET,
POUR MONTRER QUE LA CHOROIDE EST LE PRINCIPAL ORGANE DE LA VUE.

MONSIEUR,

J'a vû dans votre Réponſe les raiſons qui vous empêchent de croire que la Choroïde eſt le principal organe de la Vûë; mais je ne les ai pas trouvées aſſez fortes, pour m'obliger à rendre cet avantage à la Rétine, quoiqu'elles ayent beaucoup de ſubtilité & de vrai-ſemblance.

Vous dites dans votre premiére objection, que *ſi on léve la Sclérotique & la Choroïde d'un œil bien frais, & qu'on laiſſe la Rétine étenduë ſur l'humeur vitrée, alors on ne voit pas bien au travers de cette Membrane*; d'où vous concluez qu'elle n'a pas aſſez de tranſparence pour laiſſer paſſer ſur la Choroïde une lumiére ſuffiſante pour la Viſion. Je ne demeure pas d'accord de cette conſéquence, puiſqu'il peut y avoir beaucoup de différence entre la Rétine d'un animal mort expoſée à l'air, & celle d'un animal vivant exactement enfermée entre l'humeur vitrée & la Choroïde. Les diverſes diſpoſitions changent ordinairement les qualitez des choſes: la graiſſe, qui eſt tranſparente étant fonduë, devient opaque en ſe refroidiſſant; & la cornée d'un œil qu'on tient quelques heures dans un air chaud, devient trouble, & peu à peu entiérement opaque. Mais, afin que vous puissiez être persuadé que la Choroïde est suffisamment éclairée dans un animal vivant, il faut prendre un oeil encore tout chaud d'un Boeuf fraichement tué, & le couper en deux, au peu au dessous du Cristalin, en sorte qu'une bonne partie de l'Humeur vitrée demeure étenduë sur la Rétine : alors vous verrez distinctement les diverses couleurs de la Choroïde, la base du Nerf-optique, les troncs des petits vaisseaux qui en sortent, & leur épanchement dans l'épaisseur de la Rétine, avec tant de netteté, que vous ne pourrez même discerner s'il y a une Rétine au delà de l'Humeur vitrée. D'où vous pourrez juger, que la lumiére que les objets envoyent sur la Choroïde, est plus que suffisante pour y produire la Vision, puisque venant à vos yeux par reflexion, & par un second passage au travers de la Rétine & de l'Humeur vitrée de l'Oeil coupé, elle est encore assez forte pour vous faire voir clairement & distinctement la même Choroïde.

Ce n'est pas que je nie que la Rétine n'ait quelque blancheur dans un animal vivant, & qu'elle ne soit un peu moins transparente que les autres humeurs, principalement dans la partie contiguë à la Choroïde : & la nature l'a pû faire ainsi, pour adoucir l'éclat des grandes lumiéres, & empêcher l'éblouïssement; de même qu'elle a étendu sur notre peau un Epiderme insensible, pour empêcher qu'elle ne fût trop facilement blessée par les corps qui nous touchent, & par l'excès du chaud & du froid. Mais, quand je nierois absolument que la Rétine eût aucune opacité dans un animal vivant, votre expérience ne me convaincroit pas, puisqu'elle ne se fait que sur une Rétine, dont les parties les plus subtiles & les plus transparentes sont évaporées : & je donnerois pour exemple un papier blanc, au travers duquel, lors qu'il est mouillé, on voit assez distinctement les Objets qui lui sont contigus; & qui reprend sa premiére opacité, lors qu'il est un peu de tems exposé à l'air. Et si cet exemple ne suffisoit, j'allèguerois le petit Cristallin qui se trouve au milieu du Cristalin de beaucoup d'animaux, & qui en est comme le noyau, lequel étant aussi transparent que les autres humeurs de l'Oeil dans un animal vivant, devient, deux ou trois jours après sa mort, blanc & opaque, quoiqu'il soit encore enfermé dans l'Oeil, & que le Cristalin extérieur demeure encore transparent.

Votre seconde expérience pour prouver l'opacité de la Rétine, qui est de la plonger dans l'eau, est encore extrémement trompeuse. Car vous ne doutez pas que l'Hyaloïde, qui envelope l'Humeur vitrée, ne soit parfaitement transparente; & toutefois, si vous mettez dans de l'eau une partie de l'Humeur vitrée, les parties de l'Hyaloïde qui y sont attachées, y paroitront blanchâtres & troubles comme de la toile d'araignée, quoique l'Humeur vitrée conserve sa transparence. Ce n'est donc pas une bonne épreuve pour savoir si la Rétine est opaque dans un animal vivant, que de la plonger dans l'eau; & à quelque épreuve que

que vous puissiez la mettre, après qu'elle a été exposée à l'air, vous n'en pourrez tirer aucune conséquence pour prouver qu'elle est opaque dans son état naturel : car le Cristalin même devient un peu trouble dans l'eau; & si on l'y laisse quelque tems, ou qu'on l'expose à la gelée, il devient blanc & opaque comme de la neige.

Ainsi, pour resoudre notre différent, & savoir avec certitude si la lumiére des Objets passe presque tout entiére jusques à la Choroïde, ou si elle est presque toute arrêtée par la Rétine; il est nécessaire d'apporter des observations faites sur la Rétine & sur la Choroïde, lors qu'elles sont en leur état naturel, comme est l'observation suivante.

Mettez de nuit une chandelle allumée fort près de vos yeux, & faites qu'un chien éloigné de huit ou dix pas vous regarde : alors vous verrez dans ses yeux une lumiére assez éclatante, que je soutiens proceder de la reflexion de la lumiére de la chandelle, dont l'image est peinte sur la Choroïde du chien, laquelle ayant beaucoup de blancheur, fait cette reflexion très-forte; car si elle procedoit du Cristallin, ou de la Rétine, on verroit les mêmes apparences dans les yeux des hommes & dans ceux des oiseaux, & des autres animaux, qui ont la Choroïde noire.

Il est donc manifeste, par cette expérience, que les rayons lumineux passent avec beaucoup de force jusques sur la Choroïde, & que la Rétine en reçoit fort peu d'impression; & voici comme se fait cette apparence. La petite peinture de la chandelle, qui est sur la Choroïde, où est le foyer du Cristallin & des autres humeurs ensemble, envoye des rayons au travers de ces humeurs, qui se réünissent réciproquement vers la chandelle; & par conséquent les yeux qui en sont proches, doivent voir le Cristallin du chien fort illuminé. Les Opticiens en savent la démonstration; & ceux qui ne savent pas l'Optique, pourront voir un effet entiérement semblable par une expérience très-facile.

Il faut placer une bouteille sphérique de verre pleine d'eau très-claire, à huit ou dix pas d'une chandelle, & mettre un papier blanc derriére la bouteille environ à la distance de son demi-diamétre, en sorte que la lumiére de la chandelle qui a passé à travers la bouteille soit réünie en un petit espace sur le papier : alors ceux qui auront les yeux proches de la chandelle, verront la bouteille pleine de lumiére; & cette lumiére disparoitra, si l'on approche ou recule le papier de la bouteille : & si l'on met une bougie allumée au lieu du papier, & qu'on tienne l'Oeil en la place de la chandelle après l'avoir ôtée, on verra encore la bouteille plus illuminée qu'auparavant; & l'on pourra juger facilement que la lumiére qui paroît dans l'Oeil du chien, procéde d'une cause semblable. Vous pourrez vous confirmer en cette pensée, si vous mettez la chandelle à côté, en sorte que votre visage en soit fort éclairé, & qu'elle ne luise point sur le chien; car vous verrez alors beaucoup de lumiére dans ses yeux : mais si vous mettez quelque corps opaque

de-

devant votre visage pour le couvrir de la chandelle, cette lumiére disparoitra : ce qui vous fera connoître manifestement, qu'elle procéde de l'image de votre visage qui paroît dans ses yeux, & que c'est sur la Choroïde qu'elle est peinte, par la raison que j'ai dite ci-dessus. On peut faire la même expérience dans les yeux de plusieurs autres animaux, & particuliérement dans ceux des chats, où cette lumiére paroît bleuâtre, ce qui fait voir qu'elle procéde de leur Choroïde, qui a beaucoup de cette couleur; mais cette couleur, ni aucune autre qui soit dans la Choroïde, ne cause point de confusion au sens de la vûë, puisque les sens ne reçoivent point d'impression de leur propres organes.

Le reste de cette premiére objection n'a presque point d'autre fondement, qu'une interprétation contraire à ma pensée, que vous donnez à quelques mots de mon Ecrit. Car, lors que j'ai dit que les corps noirs & opaques reçoivent beaucoup d'impression de la lumiére, je n'ai pas entendu les opaques & noirs tout ensemble; il m'eût suffi de dire les corps noirs, puisque tous les corps noirs sont opaques. Mais ma pensée a été, & est encore sur ce sujet, que les corps transparens, comme l'air, l'eau, & la Rétine dans un animal vivant, reçoivent peu d'impression de la lumiére, & que les opaques en reçoivent beaucoup; mais que les noirs en reçoivent plus que les autres opaques, & l'air & l'eau un peu moins que la Rétine. Je ne crois pas aussi que la noirceur soit absolument nécessaire dans la Choroïde pour la Vision, mais seulement pour une plus forte Vision, ni que la peinture des objets y doive être exprimée; car il suffit que les rayons de chaque point des Objets s'y réünissent en un point distinct & séparé, selon qu'ils s'entre-répondent. Et vous demeurerez facilement d'accord, que comme une loupe de verre fort convexe fait paroître l'image du Soleil réünie sur du papier blanc avec beaucoup d'éclat & de lumiére, & sur du papier noir fort obscurément, quoique le papier noir, où le feu se prend d'abord, en reçoive beaucoup plus d'impression que le blanc : ainsi les rayons des objets illuminez se réünissant par le moyen du Cristallin sur une Choroïde blanchâtre, y forment une peinture visible, & une très-obscure sur une Choroïde noire; mais aussi l'impression est bien plus forte dans la noire que dans la blanche. Et c'est la cause pourquoi les hommes & les oiseaux voyent mieux & plus distinctement que la plupart des autres animaux : car leur Choroïde étant noire, & par conséquent très-sensible à la lumiére, ils étressissent beaucoup leur prunelle: ce qui fait que les rayons qui y passent de chaque point des objets, sont tous fort proches de l'axe du Cristallin, & se réünissent plus exactement dans un point que dans les yeux de la plupart des animaux qui ont la Choroïde blanchâtre vers l'axe de la vûë, & par conséquent moins sensible à la lumiére, & qui tiennent en récompense la prunelle de leurs yeux fort dilatée, lors qu'ils ont besoin d'une grande lumiére;

ce

ce qui empêche leur vision d'être distincte, à cause que les rayons qui tombent sur l'extrémité du Cristallin, coupent l'axe trop près en leur refraction. Il est vrai que pour suppléer en quelque façon à ce défaut, ils ont un petit Cristallin au milieu du grand; & ce petit Cristallin étant d'une consistance plus épaisse que celle du grand, sa refraction est aussi plus forte, & fait que les rayons qui viennent d'un point hors de l'Oeil, & tombent sur le Cristallin près de l'axe de la vûë, se rompent davantage en passant par ce petit Cristallin, & par ce moyen se réünissent mieux au fond de l'œil avec les rayons qui tombent sur l'extrémité du grand Cristallin: ce qui rend leur vision moins confuse, quoiqu'elle ne soit jamais si distincte que celle des hommes & des oiseaux, qui n'ont qu'un Cristallin. Les poissons ont aussi un double Cristallin; car autrement leur vision seroit encore plus confuse que celle des animaux qui vivent dans l'air: parce que leur Cristallin étant sphérique, les rayons coupent l'axe plus inégalement que s'il étoit lenticulaire; & s'il n'étoit sphérique, son foyer se feroit très-loin, à cause que la refraction des rayons qui passent de l'eau dans le Cristallin est très-petite.

La difficulté de votre seconde objection vient encore d'une équivoque, & consiste à savoir ce qu'on doit dire avoir une plus grande continuïté & communication avec le cerveau. Mon hypothêse est, que les nerfs sont tous revétus de la Pie-mére, qui envelope toute la moëlle de l'épine, & ont avec elle une même continuïté de Fibres, en sorte que pour peu que les nerfs soient émûs, l'impression en est portée jusques au cerveau par la continuïté de ces Fibres. Et soit que leur tissure soit différente dans les nerfs des divers sens, ou que les nerfs contiennent quelques liqueurs spiritueuses, qui déterminent leurs sensations par quelques différences qu'elles ont entre elles: il est certain que les nerfs de la vûë, de quelque façon qu'ils soient émûs, représentent des couleurs & des lumiéres; ceux de l'ouïe, des sons; & ceux du tact, des douleurs, &c. Or la Choroïde est un épanchement & une dilatation de la Pie-mére, qui envelope intérieurement le Nerf-optique, & qui vient par une continuïté de Fibres de la tuberosité de la moëlle de l'épine qui est dans le cerveau: d'où il s'ensuit, que pour peu que la Choroïde soit touchée, l'impression se peut facilement communiquer dans le cerveau. Et afin qu'on puisse dire la même chose de la Rétine, il faudroit qu'il y eût un petit canal dans le Nerf-optique, par où la Rétine en sa propre substance s'étendît jusques à cette tuberosité par une continuïté de fibres: ce qui ne se voit pas; & vous étes contraint de dire *qu'il y a de petits filamens de ce Nerf qui ont cette continuïté*. Mais s'il y avoit de ces filamens, ils s'épancheroient dans la Rétine, comme d'un centre à une circonférence, & seroient bien plus pressez vers le Nerf-optique: ce qu'on n'a point encore remarqué; & avec quelque Microscope qu'on regarde la Rétine, on n'y découvre jamais aucuns filamens, mais elle paroît d'une consistence uniforme comme l'humeur vitrée, & doit être considérée comme une quatriéme humeur coulée & passée au travers des pores du Nerf-optique, sans en contenir aucun filament. Il est vrai qu'en faisant passer une épingle par l'épaisseur de la Rétine, on rencontre souvent des filamens : mais si on les regarde au travers d'une loupe de verre fort convexe, on découvre qu'ils aboutissent aux petits vaisseaux des veines & des artéres qui sont dans la Rétine; & infailliblement, s'il y avoit de petits nerfs, on les rencontreroit de même, & ils arrêteroient l'épingle, puis qu'ils seroient aussi fermes que les petites artéres. Et quand vous dites qu'on distingue ces filamens dans l'eau, parce que le reste de la Rétine disparoît, cela repugne à l'expérience, & à ce que vous avez dit auparavant, qu'on voit dans l'eau la Rétine toute blanche & sans transparence; & c'est à vous & à ceux de votre opinion de trouver d'assez bons Microscopes, pour faire voir ces filamens; autrement, on les doit tenir pour une chose inventée à plaisir.

Vous apportez ensuite deux expériences, dont la premiére est, que si l'on fait une ouverture au haut de l'œil, on peut découvrir la peinture des objets sur la surface antérieure de la Rétine. Mais, si par le haut de l'œil vous entendez la cornée, ou le blanc de l'œil qui lui est contigu; l'humeur aqueuse s'écoulera par l'ouverture que vous y ferez, & la cornée fera des rides, qui empêcheront la peinture d'être distincte: outre que celui qui regardera par cette ouverture, empêchera que les rayons des objets ne passent dans l'œil, de maniére qu'il n'y pourra voir que sa propre image. Que si vous entendez qu'on ôte la cornée entiérement, le même inconvénient arrivera, & même il n'y aura plus assez de distance entre le Cristallin & la Rétine pour y faire la peinture distincte. Enfin, je ne croi pas qu'on puisse venir à bout de cette expérience, & encore moins de discerner si c'est en la surface antérieure de la Rétine, ou en la postérieure que se forme cette peinture, puisqu'elle a moins d'une demi-ligne d'épaisseur; & il y a lieu de croire que vous vous êtes fié au rapport d'autrui de cette expérience, ou que vous avez crû que les images qui paroissent dans les yeux, sont peintes sur la Rétine, au lieu qu'elles procédent de la Reflexion qui se fait sur l'extérieur de la cornée.

La seconde de vos expériences est véritable & facile à faire; mais, selon votre opinion elle seroit impossible. Car puisque vous soutenez que c'est dans la partie antérieure de la Rétine qu'on voit la peinture, & qu'ailleurs vous avez dit qu'on ne voit pas bien au travers de cette membrane; il s'ensuit que vous ne pourrez voir cette peinture à travers l'épaisseur de la Rétine: mais parce que je croi, qu'il reste encore assez de transparence dans la partie de la Rétine, qui n'est pas exposée à l'air, je ne doute point que la peinture ne puisse être vûë sur la partie postérieure. Car quand même la Rétine seroit ôtée & qu'il ne resteroit que l'humeur vitrée, on ne laisseroit pas de voir une peinture

ture renversée des fenêtres vers la circonférence de l'humeur vitrée, en tenant cet œil dans le fond d'une chambre ; de la même façon qu'on voit cette peinture dans le foyer d'une bouteille sphérique de verre pleine d'eau, quoiqu'il semble qu'on la voye sur la surface extérieure du verre : c'est ce qui détruit entiérement la conséquence que vous en voulez tirer.

Dans la troisiéme de vos objections vous citez ce que j'ai dit, un peu autrement que je n'ai l'ai dit. Car j'ai mis dans mon Ecrit que la Rétine avoit environ une demi-ligne d'épaisseur, & non pas une demi-ligne précisément, qui est une marque que je ne l'avois pas mésurée exactement. Mais quand elle n'auroit qu'un quart de ligne, & encore moins, il suffit qu'elle en ait assez pour l'effet que je lui attribuë, & pour un autre dont j'ai aussi parlé dans mon Ecrit, qui est, que les rayons d'un même point lumineux qui ne s'uniroient pas précisément en un même point dans l'axe, sont redressez par la concavité de la Rétine, les plus éloignez de l'axe, davantage que ceux qui en sont les plus proches : ce qui fait qu'ils se réünissent mieux en un même point sur la Choroïde ; lequel point je tiens avec vous être un point Physique, puisque le point objectif l'est aussi : mais je soutiens qu'il est plus petit qu'aucun qui puisse être perceptible à la Vûë. Car nous distinguons les diverses parties des objets très-petits, comme les extrémitez de la largeur des petites artéres de la Rétine, qui n'ont pas la huitiéme partie de son épaisseur ; & ce qui représente cette petite largeur dans l'organe de la Vûë, ne lui est pas égal, comme vous le prétendez : mais il doit être vingt-cinq ou trente fois plus petit, c'est à savoir en la proportion de la distance de l'objet au centre de la Vûë, & de la distance de ce centre jusques à l'organe de la Vûë ; & par conséquent l'épaisseur de la Rétine n'est pas propre pour cette petitesse.

Vous voyez donc, Monsieur, que jusques ici vos objections ne peuvent donner aucune atteinte à mon opinion, & que la transparence de la Rétine est assez bien établie. Venons maintenant à la preuve que je tire du défaut de Vision sur la base du Nerf-optique.

Il faut premiérement demeurer d'accord, que dans cette expérience presque tous les hommes perdent de vûë un rond de papier blanc tout entier, dont le diamétre est la neuviéme ou dixiéme partie de sa distance jusqu'à l'œil : Or le Triangle visuel dont le diamétre de ce papier est la base, & le sommet le centre de la Vûë, est proportionnel au Triangle, dont la base est le diamétre de la peinture de ce papier sur le fond de l'œil, & le sommet le même centre de la Vûë ; lequel centre étant éloigné de six ou sept lignes de la base du Nerf-optique, dont la largeur est environ de trois quarts de ligne, cette base sera aussi environ la neuviéme ou dixiéme partie de sa distance, jusques au centre de la Vûë : Et par les principes de l'Optique, l'image du rond de papier tombant sur la base du Nerf, la couvrira précisément ; & puis qu'alors le le papier disparoît entiérement, il s'ensuit que toute la base du Nerf-optique est insensible à la lumiére. D'où je conclus, que la Choroïde est le principal organe de la Vûë, puisque son absence cause le défaut de Vision; & que la Rétine ne l'est pas, puisqu'elle se trouve en cet endroit, & qu'elle y paroît disposée de même qu'au reste du fond de l'œil.

Pour éluder la force de cet argument, vous apportez d'autres causes de ce défaut de vision : les deux premiéres sont presque semblables; mais il me semble que vous les supposez sans fondement. Car, comme il a été dit ci-dessus, on ne voit point de filamens de nerfs sortir de la base du Nerf-optique; & même il ne seroient pas propres pour la vision, puisqu'ils laisseroient dans quelques parties de la Rétine de trop grands intervalles vuides; & il faut que chaque point des Objets rencontre un point sensible dans l'organe de la Vûë, pour y rëünir ses rayons: ce qui se trouve dans la Choroïde, qui est un épanchement de la partie sensible du nerf en une membrane continuë. D'ailleurs, les causes du défaut de la vision ne se peuvent trouver dans ces hypothèses. Car dans la premiére, quelle raison pourroit-on donner de ce qu'il n'y auroit point d'extrémitez de ces filamens à l'opposite du Nerf-optique, puisqu'il ne faudroit qu'une simple continuation directe de quelques-unes de ses Fibres, jusques à la partie antérieure de la Rétine? Et pour la seconde, qui est votre opinion particuliére, je demeure bien d'accord que le vuide de votre houppe renversée pourroit causer le défaut de vision vers le centre de la base du nerf: mais je ne vois pas pourquoi ces filamens, qui, selon vous, couvrent le reste de la base, seroient en cet endroit insensibles à la lumiére; puisqu'il n'est pas nécessaire pour la vision, que les rayons tombent directement sur l'organe de la Vûë, & qu'il suffit que ceux d'un même point lumineux s'y rëünissent en un point; étant facile de juger qu'il n'y a qu'un seul rayon de ceux qui concourent à un point, soit sur la Rétine, soit sur la Choroïde, qui puisse y tomber directement. Mais je ne m'étens pas davantage sur ce sujet, puisque je croi que cette houppe renversée, & ces filamens qui la composent, ne sont qu'une chose sans fondement, & que vous ne sauriez faire voir.

L'autre cause que vous apportez, est le tronc des vaisseaux qui sortent de la base du nerf: mais vous ne pouvez pas nier qu'ils ne soient très-petits, & qu'on a de la peine à discerner les petits trous par où ils passent, lorsqu'on coupe le nerf plus haut que son insertion dans l'œil: & parce que souvent ils sortent de la base par deux petits trous différens, le diamétre de chacun desquels n'occupe pas la huitiéme partie de celui de la base; il s'ensuit que si le reste de la base du nerf étoit sensible à la lumiére, on ne perdroit de vûë en une distance de dix piés, qu'un papier de deux pouces de diamétre tout au plus, & quelquefois en fixant un Oeil sur un petit papier, il en disparoîtroit deux au-

autres très-petits, séparez l'un de l'autre, sans perdre de vûë ce qui seroit entre-deux: ce qui repugne à l'expérience. Ainsi les causes que vous alléguez de ce défaut de vision, étant ou sans fondemeut, ou insuffisantes; il s'ensuit que celle que je donne, subsiste toujours, du moins à votre égard: & pour la confirmer encore davantage, j'ajouterai ici quelques observations & quelques raisonnemens qui ne sont ni dans ma Lettre, ni dans mon Ecrit.

La premiére observation, qui est fort commune, est que la prunelle se dilate à l'ombre, & s'étressit à la vûë d'une grande lumiére; & il est difficile de trouver la cause de ce mouvement involontaire, qu'en supposant que la Choroïde est sensible à la lumiére: car alors il est aisé de juger qu'étant blessée par une Vision trop forte, elle peut dilater, ou resserrer ses Fibres, qui sont continuës avec celles de l'Uvée antérieure, en sorte qu'elle étressisse son ouverture; & que n'étant point blessée, elle se relâche: au lieu que si l'on suppose que la Rétine est l'organe de la Vûë, il est difficile d'expliquer comme se fait cet étressissement.

La seconde est, que si l'on tient la main entre une bouteille sphérique de verre pleine d'eau, & une chandelle mise au foyer de la bouteille, on sentira plus de chaleur que si on la tient dans le foyer réciproque, c'est à dire, à l'endroit où les rayons qui ont passé au travers de la bouteille, font paroître une grande image renversée de la flamme de la chandelle sur une surface blanche opposée. Car j'en tire cette conséquence, que l'image de la chandelle qui est peinte sur la Choroïde d'un chien, comme je vous ai prouvé, fait beaucoup plus d'impression sur la Rétine du Chien, que sur celle de celui qui la regarde, & qui la voit fort éclatante. D'où je conclus, que si la Rétine étoit l'organe de la Vûë, le Chien ne verroit pas les objets médiocrement illuminez qui seroient à l'entour de la chandelle, quand même ils en seroient éloignez de trois ou quatre piés; puis qu'ils recevroient beaucoup plus d'impression de cette reflexion, que de ces objets, & qu'une grande sensation en efface une moindre: ce qui repugne à l'expérience; & il n'est pas vrai-semblable qu'il y ait un tel défaut dans la vision des animaux.

La troisiéme est, que les yeux des oiseaux sont disposez, en sorte que le Nerf optique, après son insertion dans l'œil, se recourbe sur la concavité de la Sclérotique; & le long de cette courbure naît la Choroïde qui la couvre, ne laissant qu'une raye blanche au milieu, d'où naît la Rétine, qui s'étend sur la Choroïde dans le fond de l'œil: mais elle est couverte joignant cette raye blanche, d'une petite membrane noire, contiguë, ou collée à l'Hyaloïde, longue d'environ six lignes, & large de cinq, dans les yeux des grands oiseaux; laquelle membrane procéde aussi de la Pie-mére, qui enveloppe intérieurement le Nerf-optique, & est comme une appendice de la Choroïde. Il y a quelques oiſeaux, comme l'Autruche, dont le Nerf-optique ſe dilate au fond de l'Oeil en une membrane épaiſſe de figure ovale, des extrémitez de laquelle naiſſent la Choroïde & la Rétine; mais la petite membrane noire, qui naît auſſi des mêmes extrémitez, couvre entiérement cette ovale, & s'étend un peu ſur la Rétine: & ſi l'on conſidére l'endroit où eſt cette membrane noire en toutes ſortes d'oiſeaux, on trouvera qu'il eſt un peu à côté de l'axe, & que les rayons des objets que les oiſeaux regardent avec les deux yeux, tombent deſſus préciſément. Ce qu'on jugera facilement, ſi l'on remarque que les oiſeaux n'ont pas les axes de leurs yeux paralléles, quand ils les tournent vers un même objet, mais un peu écartez: ce qui fait que les rayons de cet objet tombent obliquement ſur leurs Cornées, & que, ſelon les régles de la refraction, ils ſe rompent à côté des mêmes axes, dans le fond de leurs yeux. Or, puis que la Rétine n'eſt point en cet endroit, ou qu'elle y eſt couverte par cette membrane noire qui arrête la lumiére, & que perſonne ne doute que les oiſeaux ne ſoient plus clair-voyans que les autres animaux; vous devez avouër que la Rétine n'eſt pas le principal organe de la Vûë, & qu'il faut donner cet avantage à la Choroïde. Pour ce qui eſt de l'expérience de M. *Picard*, je la trouve fort bien inventée; mais elle eſt difficile, à cauſe du grand effort qu'il faut faire, pour fixer les deux yeux à un point qui n'en eſt éloigné que de quatre pouces au plus. En voici une autre, qui fait beaucoup moins de peine, & qui n'eſt pas moins ſurprenante. Attachez ſur un fonds obſcur deux petits ronds de papier blanc à même hauteur, & à trois piés l'un de l'autre; placez-vous vis-à-vis, à une diſtance de douze à treize piés; & tenez votre pouce élevé devant vos yeux à une diſtance d'environ huit pouces, en ſorte qu'il couvre à votre Oeil droit, le papier qui eſt vers votre gauche, & à votre Oeil gauche le papier qui eſt vers votre droite: alors, ſi vous regardez votre pouce fixement avec les deux yeux, vous perdrez de vûë les deux papiers; ce qui procéde de ce que les yeux étant ainſi diſpoſez, chacun d'eux reçoit ſur ſon Nerf-optique l'image de l'un des papiers, & le pouce lui couvre l'autre.

On peut faire la même expérience avec deux chandelles allumées, obſervant les mêmes diſtances. Que ſi elles ſont plus éloignées l'une de l'autre, il faut auſſi s'en éloigner à proportion; c'eſt à dire, que ſi leur diſtance eſt de ſix piés, il faut en être éloigné de vingt-cinq piés, & dans les autres diſtances à proportion: mais il faut que le pouce demeure toujours dans la même ſituation à peu près; car ſi on le tenoit à un pié de diſtance des yeux, ou davantage, on verroit quatre chandelles au lieu de deux.

LET-

LETTRE DE MONSIEUR PERRAULT A MONSIEUR MARIOTTE.

ONSIEUR,

J'ai été surpris de la nouveauté de votre merveilleuse observation touchant la perte que l'on fait d'un objet, lors qu'il est en une certaine distance, & en situation convenable pour cela à l'égard de l'œil; mais je n'ai pû encore entrer dans les sentimens que vous avez sur la cause de cet accident, ni approuver les conséquences que vous en tirez, pour persuader que la Choroïde doit être reputée le principal organe de la Vision, & non la Rétine, ainsi qu'on le croit communément. Monsieur *Pecquet* m'ayant communiqué les raisons qu'il vouloit opposer aux vôtres, dans un écrit qu'il vous adresse sur ce sujet, je l'ai fait souvenir d'une remarque que nous avons souvent faite ensemble dans les Yeux de la plupart des Animaux, où la Rétine, en plusieurs endroits, & apparemment au lieu où se fait la vision des objets qu'on regarde directement, se voit traversée par des vaisseaux remplis de sang, qui étant des corps opaques d'une grandeur considérable, & interposez entre les objets & la Choroïde, devroient empêcher la Vûë, si la Choroïde en étoit le véritable organe. Je ne sai si l'amour que chacun a pour ses pensées me trompe dans cette rencontre; mais je ne croi pas que l'on vous puisse faire une plus forte objection contre l'usage que vous donnez à la Choroïde, ni trouver un argument plus convainquant, pour faire attribuer cet usage à la Rétine. Le desir que j'ai d'en avoir la solution, m'a porté à vous écrire en particulier sur ce sujet, voyant que M. *Pecquet*, qui demeure d'accord du fait, comme lui étant connu, de même qu'à tout le reste de notre compagnie, par plusieurs expériences, n'a pas tiré les conséquences dont ce fait fournit un fondement si raisonnable contre votre opinion; & j'ai crû qu'il étoit nécessaire de vous expliquer plus distinctement mes sentimens qu'il n'a fait.

Ma penſée eſt, que pour la viſion, les eſpéces ſont reçuës ſur la ſurface antérieure de la Rétine qui eſt contiguë à la ſurface de l'humeur vitrée ; que cette ſurface ne ſert à la viſion que comme étant indiviſible ; que le reſte du corps de cette membrane, qui a une épaiſſeur conſidérable, n'eſt néceſſaire que pour rendre cette ſurface plus égale, ainſi que l'expérience fait voir aux enduits des murailles, qui ne peuvent avoir une ſurface bien unie, s'ils ne ſont épais, ſuivant la remarque de *Vitruve*, qui les compare aux miroirs de métail, qui ne peuvent être polis quand ils ſont minces ; & qu'enfin la Choroïde étant enduite, comme elle eſt, d'une ſubſtance inégale, ſemblable à de la bouë noirâtre, mal détrempée, & qui ne peut avoir une ſurface polie, elle n'eſt point capable de recevoir l'impreſſion des rayons qui partent des objets, autant qu'il eſt néceſſaire.

Car il faut demeurer d'accord, que la poliſſure & l'exacte égalité de la ſurface de la membrane qui doit être reputée l'organe de la Viſion, eſt une condition ſans laquelle on ne peut concevoir que la Viſion ſe puiſſe faire. Vous ſavez que pour cette action il eſt néceſſaire que de tous les points de l'objet il ſe forme des cones, ayant leur baſe à la Cornée, & que de la ſurface poſtérieure du Criſtallin il parte autant de cones, ayant chacun un axe qui tombe ſur la ſurface de l'organe perpendiculairement, ou à peu près. Car il faut ſuppoſer que la Viſion ſe faiſant par le ſentiment de l'impreſſion que les objets font ſur l'organe, l'organe doit être comme frapé par les eſpéces, & qu'il n'eſt frapé que foiblement par les rayons qui tombent obliquement. Or l'endroit de l'Oeil où ſe fait l'impreſſion d'un grand objet eſt ſi petit & ſi étroit, que dans un eſpace qui ſemble n'être qu'un point, il faut qu'une infinité de points de l'objet ſoient reçus : de ſorte que l'eſpace, qui par exemple n'eſt pas plus grand que la tête d'une épingle, peut recevoir l'impreſſion d'un objet beaucoup plus grand que la Lune, ſuppoſé que toutes les parties qui compoſent cet eſpace de l'organe, faſſent un champ capable de recevoir aſſez directement toutes les extrémitez des cones, qui ont leur baſe au Criſtallin : au lieu que ſi cet eſpace eſt raboteux & inégal, il ne recevra l'impreſſion que d'une ſi petite partie de l'objet, que l'on peut dire qu'il ne ſera vû qu'imparfaitement.

Cette même raiſon fait qu'on ne peut pas dire que les vaiſſeaux qui ſont dans la Rétine ſont trop petits pour faire que leur interpoſition empêchât la vûë de quelque objet : car quand ils ne ſeroient pas plus gros qu'un cheveu, c'eſt beaucoup plus qu'il ne faut pour recevoir l'impreſſion d'une infinité de pointes des cones, par leſquelles eſt formée la repréſentation d'un objet d'une grandeur conſidérable, principalement s'il eſt éloigné. Or il n'y a que l'égalité de la ſurface de l'organe qui puiſſe faire qu'il y ait ce nombre ſuffiſant de parties capables de recevoir l'impreſſion des rayons ; & il y a apparence que le défaut de cette égalité, qui vient ou des maladies, ou de la vieilleſſe, ou d'une d'une mauvaiſe diſpoſition naturelle, eſt une des cauſes de la foibleſſe de la Vûë ; & qu'en ceux qui ne voyent pas bien diſtinctement les objets éloignez, on peut autant accuſer le manque de cette poliſſure de la Rétine, que la foibleſſe des eſprits viſuels, ou la diſpoſition peu commode du Criſtallin. Car il eſt aiſé de concevoir que l'image des choſes éloignées ne pouvant être reçuë que ſur une très-petite portion de l'organe, il n'eſt pas poſſible, ſi la ſurface de cet organe eſt inégagale, qu'il reçoive comme il faut un aſſez grand nombre de rayons, pour avoir l'impreſſion de toutes les particularitez de cette image ; & qu'au contraire toutes ces particularitez ſont aiſément reçuës ſur une plus grande portion, ainſi qu'il arrive quand l'objet eſt proche.

Cela étant ainſi, il faut remarquer que les rameaux des vaiſſeaux qui ſont dans la Rétine, ne ſont point capables de cauſer aucune inégalité dans ſa ſurface ; parce que ces vaiſſeaux ſe gliſſant dans ſon épaiſſeur, ils ſont recouverts par ſa derniére ſurface, qui conſerve aiſément ſa poliſſure, à cauſe de la diſpoſition de ſa ſubſtance, qui ſe trouve fort commode pour produire cette égalité : car elle a une molleſſe & une viſcoſité glaireuſe, par laquelle elle prend la forme de la ſurface de l'humeur vitrée, qui communique la poliſſure que tous les corps liquides & homogénes ont ordinairement à leur ſurface ; ce qu'elle fait encore par le moyen de la membrane qui l'environne, dont la poliſſure & l'égalité la fait appeller vitrée avec beaucoup de raiſon.

Il faut demeurer d'accord que cette égalité manque à la Choroïde & que ce défaut la rend mal propre à recevoir l'impreſſion des eſpéces. Mais elle en a encore une autre bien conſidérable, qui conſiſte dans la nature de ſa ſubſtance, qui eſt tout-à-fait dénuée des qualitez néceſſaires à un organe, tel que doit être celui de la Viſion : car cette action ſe faiſant par un attouchement incomparablement plus délicat que n'eſt celui de tous les autres ſens, ſon organe a dû auſſi être pourvû d'une délicateſſe qui le rendit perméable aux eſprits les plus ſubtils, & obéïſſant aux impreſſions les plus legéres. La Rétine a toutes ces qualitez en un ſouverain degré, puis qu'elle n'eſt autre choſe que la ſubſtance du Cerveau, la plus molle & la plus délicate de toutes les parties du corps, qui ayant été endurcie pour former le Nerf-optique, à qui cette fermeté étoit néceſſaire pour paſſer par un aſſez long chemin, & pénétrer les os du Crane, reprend ſa premiére délicateſſe, & même en acquiert encore une plus exquiſe, lors que le Nerf-optique devient comme fondu, diſſout, & étendu dans tout le fond de l'Oeil.

Or la Choroïde n'a aucune de ces qualitez ; & ſi elle eſt une production de la Pie-mére, qui à la vérité eſt une membrane fort délicate & fort ſubtile dans tous les autres endroits du Cerveau, elle perd cette qualité dans l'Oeil, où elle eſt ſans comparaiſon plus dure & plus épaiſſe qu'ailleurs ; & outre cela elle a une ſubſtance & un uſage qui la rend tout-à-fait incapable de la ſenſibilité ſubtile que la Viſion requiért. Les

Anatomiſtes ont appellé cette membrane Choroïde, parce qu'elle eſt remplie d'un grand nombre de vaiſſeaux, comme la membrane qui enveloppe le Fœtus, appellée Chorion. Mais cela lui eſt commun avec beaucoup d'autres membranes; & je croi qu'elle mérite encore mieux ce nom par la raiſon de ſon uſage, qui eſt pareil à celui de cette membrane de l'arriére-faix, que la Nature a deſtinée pour préparer le ſang que la Mére envoye pour la nourriture de l'enfant. Car la diſſection fait connoître qu'une grande quantité de vaiſſeaux iſſus des rameaux de ceux qui ſont diſperſez dans les Muſcles couchez ſur le globe de l'Oeil, percent la membrane Sclérotique en pluſieurs endroits, pour entrer & ſe répandre dans la Choroïde, dans laquelle il y a grande apparence que le ſang, dont les parties internes de l'Oeil doivent être nourries, laiſſe ce qu'il a de groſſier & d'opaque, parce que ces parties étant admirablement nettes & tranſparentes, elles ne pourroient ſe nourrir que d'une ſubſtance, qui, comme elle, fût claire & tranſparente. C'eſt ce qui fait que la Choroïde eſt noircie & ſalie de la craſſe, & des parties terreſtres du ſang, qui, d'autant plus qu'elles la rendent mal propre à recevoir l'impreſſion des eſpéces & l'influence des eſprits, lui donnent une plus grande opacité, qui n'eſt pas d'une petite utilité pour la Viſion.

Les réflexions que j'ai faites ſur toutes ces choſes, me font croire que la partie glaireuſe de la Rétine, qui, ainſi que j'ai dit, eſt comme une diſſolution de la ſubſtance du Nerf-Optique, eſt l'organe immédiat de la Viſion, & que les filets qui y ſont entremêlez, & qui la font appeller Rétine, ne contribuënt à cette action que par le moyen de cette partie glaireuſe; en ſorte qu'ils ſervent plutôt à la diſtribution des eſprits, & aux autres commerces que les ſens ont avec le Cerveau, qu'à recevoir immédiatement l'impreſſion des rayons, ainſi que quelques-uns eſtiment: du moins leur opinion repugne à mon ſyſtême, qui établit l'égalité parfaitement uniforme d'une ſurface pour un organe propre à la viſion, & que les parties d'une membrane qui n'eſt ni continuë, ni égale, ſeroient incapables de recevoir l'impreſſion de tous les points des objets, dont il y en auroit néceſſairement beaucoup qui tomberoient ſur les intervalles qui devroient être entre ces extrémitez des filets, & ce qui ſe perdroit dans ces intervalles, devroit faire perdre une grande partie des objets; ſuivant les hypothêſes que j'ai expliquées.

On peut ajouter encore d'autres choſes, pour faire voir que la Choroïde ne peut être l'organe de la Viſion; comme de dire qu'elle n'a aucun commerce avec le Nerf-optique, qu'elle eſt recouverte à l'endroit où ſe fait la viſion directe par une autre membrane que nous appellons le Tapis, qui eſt ſéparable de la Choroïde, & qui n'en a pas toujours la noirceur, mais qui eſt ordinairement teinte & diverſifiée de certaines couleurs moyennes & douces; telles que ſont le verd, le bleu, le doré, l'argenté, la nacre de perle, &c. D'où il paroît que la couleur n'eſt point une condition néceſſaire à la Viſion, & dont on peut encore re tirer d'autres conséquences peu favorables à l'usage que vous donnez à la Choroïde, & que je ne doute point que Monsieur *Pecquet* ne fasse valoir dans la Lettre qu'il vous écrit. Je me contente seulement des raisons & des faits que j'ai avancez. Car je croi, Monsieur, que si ces choses me sont accordées, ainsi que je croi qu'il est raisonnable, je n'aurai pas beaucoup de peine à rendre la raison de votre Phénoméne, sans ôter à la Rétine l'office dont elle est en possession : car, supposé que l'égalité d'une surface soit nécessaire à l'organe de la Vision, il n'est pas difficile de concevoir que l'endroit où la Rétine naît du Nerf-Optique, y soit mal propre, puis qu'en cet endroit elle ne peut avoir la polissure qu'elle a dans le reste du dedans de l'Oeil; parce que toutes les fibres qui se distribuënt dans la Rétine sont ramassées en cet endroit, & ne font point cette substance homogéne, qui est si commode à l'égalité de la surface dont il s'agit. Car cette partie du Nerf-Optique, qui fait comme un fagot de fibres serrées dans le trou dont la Choroïde est percée à l'endroit du Nerf-Optique, doit être moins propre à cette égalité que ne sont les extrémitez des fibres éfilées & dissoutes à peu près comme les fils de la toile le sont quand on en fait du papier, qui est une substance bien égale & bien polie, si on la compare avec de la toile.

On peut encore ajouter, que cet endroit où le Nerf-Optique n'est pas encore dilaté pour se mêler dans la Rétine, est une partie tout-à-fait différente de la Rétine; soit que l'on conçoive que tous les esprits dispersez dans la Rétine doivent passer avec plus d'impétuosité par ce petit endroit, & y être ramassez; ou que toutes les fibres, dont les extrémitez répandent dans la partie dissoute les esprits Visuels, y sont resserrées. Car si l'expansion des fibres, la dilatation des esprits, & leur tranquillité est propre à la vision dans tout le reste de la Rétine, il est raisonnable de conclure que ce resserrement des fibres vers l'entrée du Nerf-Optique, & le mouvement précipité des esprits, n'y est pas favorable.

Enfin cet endroit de la Rétine peut aussi être rendu mal-propre à la Vision, comme vous l'estimez, par le défaut de la Choroïde qui est percée; mais il ne s'ensuit pas de là que la Choroïde serve autrement à la Vision que comme un des organes qui y contribuënt quelque chose, savoir en fermant toutes les avenuës à la lumiére, & l'empêchant d'entrer par autre part que par la prunelle : car il y a quelque raison de croire que la substance diaphane des Paupiéres, des Muscles, des Glandes de l'Oeil, & des autres parties qui sont entre la Choroïde & l'Orbite, peuvent par derriére donner quelque entrée à la lumiére, jusqu'à l'endroit où ce défaut de la Choroïde se rencontre. Aussi semble-t-il que dans la nécessité qu'il y avoit de percer la Choroïde, pour donner passage dans l'Oeil au Nerf-Optique, la Nature ait eû soin d'étrecir cette ouverture autant qu'il étoit possible, puis qu'il se trouve qu'elle fait toujours un trou beaucoup plus étroit qu'il ne faudroit pour le Nerf-Optique, qui se resserre en cet endroit pour se rélargir ensuite, en donnant naissance à la Rétine. Or ce trou par lequel la Rétine est en quelque façon illuminée, la prive de la principale disposition qu'elle doit avoir pour la Vision, qui est d'être capable de l'altération par le moyen de laquelle la Vision se fait : car la Rétine étant ainsi déja illuminée par derriére, n'est pas capable d'être illuminée par devant que très-foiblement par les rayons Visuels; de même qu'une chambre qui a déja une fenêtre ouverte, n'est illuminée que foiblement lors qu'on en ouvre une seconde, si l'on compare cette illumination à celle qu'elle reçoit par l'ouverture de la premiére, qui trouvant la chambre absolument obscure, y cause une changement bien notable par la premiére introduction de la lumiére.

Ainsi vous voyez, Monsieur, que quand le défaut d'une partie de la Choroïde au droit du Nerf-Optique contribuëroit à empêcher la vision, cela ne prouveroit pas que cette membrane fut autre chose qu'un organe nécessaire à la perfection de cette action; ainsi qu'il y a plusieurs autres organes, comme la Pupille, le Ligament Ciliaire, le Crystallin, & les autres humeurs de l'Oeil, dont les dispositions convenables aident à la vision, mais qui n'en peuvent être reputez l'organe principal, comme la Rétine, &c.

RÉPONSE
DE
MONSIEUR MARIOTTE
A LA LETTRE DE
MONSIEUR PERRAULT.

ONSIEUR,

Je n'ai pas entrepris une petite affaire lorsque je me suis engagé à défendre les droits de la Choroïde, & je n'ose presque m'en promettre un heureux succès. Ceux qui n'ont pas une connoissance exacte de l'anatomie de l'Oeil, & des régles de l'Optique, ne pourront comprendre ni mes raisonnemens, ni les faits que je suppose; & les Savans, par-

particuliérement les Sectateurs de la Nouvelle Philosophie, étant prévenus, comme ils sont, en faveur de la Rétine, chercheront toujours quelque nouvelle difficulté à m'opposer.

Tout ce que j'ai pû dire, ou écrire sur ce sujet jusques ici, n'a persuadé que fort peu de personnes; & la nouveauté, qui est ordinairemen si bien reçûë, ne m'a pas été favorable en cette rencontre. Je ne me rebute pas pourtant; je trouve ma cause trop bonne pour l'abandonner; & quoique vrai-semblablement j'aye épuisé tout ce que je savois sur cette matiére dans ma seconde Lettre à Monsieur *Pecquet*, il me reste encore plusieurs raisons assez bonnes pour opposer à celles que vous employez pour combatre mon opinion. J'avouë, Monsieur, que la plupart de vos objections sont très-fortes, & très-ingénieusement inventées: mais je ne les trouve pas convaincantes; & je crois pouvoir aisément les resoudre, & vous éclaircir suffisamment de vos doutes.

Toutes les difficultez que vous me faites peuvent se reduire à trois principales.

La *premiére*, que les vaisseaux remplis de sang qui sont dans la Rétine, empêcheroient la Vision, si la Choroïde en étoit le véritable organe.

La *seconde*, que la Choroïde n'est pas propre à cet usage, pour plusieurs raisons, dont les principales sont; qu'elle est raboteuse, & inégale; qu'elle est trop dure, & trop épaisse; que les vaisseaux pleins de sang qui s'y répandent, y laissent une crasse & une noirceur qui l'empêche de bien recevoir l'impression de la lumiére; & que cette membrane n'a point de commerce avec le Nerf-Optique.

La *troisiéme*, que la Rétine est très-propre pour être le principal organe de la Vision, & que supposant cette vérité, il est facile d'expliquer le défaut de Vision qui se fait sur la base du Nerf-Optique, par l'une ou l'autre des deux causes que vous apportez.

Pour suivre le même ordre, je diviserai ma réponse en trois parties.

Dans la *premiére*, je ferai voir que les vaisseaux de la Rétine, & leur disposition, fournissent des preuves très-fortes pour établir mon opinion, bien loin de la détruire.

La *deuxiéme* contiendra plusieurs raisons & expériences pour prouver que la Choroïde est très-propre pour l'usage que je lui attribuë, dont les plus considérables sont; qu'elle est très-polie, & égale, & nullement raboteuse; qu'elle n'est ni dure, ni épaisse, mais souple & déliée, à fort peu près comme la Pie-mére dans le Cerveau; que les vaisseaux pleins de sang dont elle est traversée, aident à la Vision, bien loin de lui nuire; que la noirceur qu'ils y laissent, & dont elle est enduite & pénétrée, est nécessaire pour la rendre suffisamment sensible aux impressions de la lumiére; & qu'elle a une parfaite communication avec le Nerf-Optique, & avec le Cerveau.

Dans la *troisiéme* & derniére, je tâcherai de faire connoître que la Rétine

tine n'est pas propre pour l'usage que vous lui attribuez, & que les deux causes que vous donnez du défaut de Vision qu'on observe dans mon expérience, ne sont point dans la nature, & n'ont nulle existence réelle ; & que si elles avoient quelque existence, elles causeroient le même défaut dans les autres parties de la Rétine, & supprimeroient entiérement la Vision.

Je crains ici, Monsieur, que ceux qui méprisent la Philosophie, ne trouvent un sujet de raillerie dans la diversité de nos assertions, qui sont si manifestement opposées ; & je ne puis deviner moi-même d'où peut proceder qu'en une chose de cette nature, nous puissions avoir des vûës si différentes. Est-ce que nous avons manqué d'exactitude & de précision dans nos observations ? Est-ce que les yeux des hommes & des animaux sur lesquels nous les avons faites, avoient des dispositions & des structures différentes ; ou plutôt que l'amour de nos inventions & des opinions dont nous sommes prévenus, nous fascine l'esprit & les yeux, pour nous empêcher de faire des reflexions sur ce qui est contraire à nos hypothêses, & pour nous faire appercevoir les choses autrement qu'elles ne sont? Mais quelles que puissent être les causes de cette contrariété de sentimens, je vais tâcher de vous expliquer les miens, & de satisfaire à ce que j'ai promis.

Pour resoudre votre premiére difficulté, je suppose trois choses, que je ne doute point que vous ne m'accordiez, puis qu'elles vous sont très-connuës.

La premiére est, que lors que quelque endroit de l'organe de la Vision a reçû l'impression d'un objet lumineux ou illuminé, cette impression continuë encore quelques momens : on en voit l'expérience lors qu'on tourne en rond assez vîte un charbon ardent ; car il paroît semblable à un cercle de feu, à cause que la seconde impression de la lumiére se fait avant que la premiére soit effacée.

La seconde est, que les fibres de l'organe de la Vision étant ébranlées par la réception de quelques rayons qui s'y réünissent, les fibres contiguës, où il ne tombe aucun rayon, ne laissent pas d'en être ébranlées, & de donner une fausse apparence de lumiére, qui amplifie la grandeur apparente du corps lumineux : c'est par cette raison que la flamme d'une chandelle un peu éloignée paroît la nuit beaucoup plus grande qu'elle ne devroit paroître.

Ma troisiéme supposition est, que les Yeux sont extrémement mobiles, & que ce qui nous fait voir si tôt le détail exact d'un objet entier, est la promptitude avec laquelle nos yeux en parcourent toutes les parties par la Vûë directe, comme on le connoît quand on lit : car encore qu'on apperçoive en même tems toutes les lignes d'une page par la vûë oblique, on ne peut les lire qu'en parcourant successivement avec la vûë directe tous les mots, & presque toutes les lettres de chaque mot ; d'où il arrive que l'habitude que nos yeux ont à ce mou-

mouvement, nous empêche de les fixer facilement pendant un tems considérable à un point déterminé.

Ces choses étant accordées, examinons votre premiére objection. Vous dites, Monsieur, que les vaisseaux de la Rétine empêcheroient la Vision, si la Choroïde en étoit le véritable organe, & qu'ils ne peuvent l'empêcher en la surface antérieure de la Rétine ; & vous croyez que cette proposition est un argument convaincant pour détruire mon opinion.

Mais si vous entendez que ces vaisseaux causeroient seulement quelques défauts de Vision peu considérables, je me sers de votre assertion contre vous-même : car je soutiens qu'il y a de ces vaisseaux qui causent des défauts de Vision ; & parce qu'ils ne peuvent faire cet effet en la surface antérieure de la Rétine, puis qu'ils sont placez au dessous selon votre hypothèse, il s'ensuit que cette surface n'est pas le véritable organe de la Vision comme vous le prétendez.

Que si vous entendez que ces vaisseaux feroient un préjudice notable à la Vision, ou la supprimeroient entiérement, voici quelles sont mes pensées sur ce sujet. Je dis premiérement, que ces vaisseaux ne peuvent causer aucun défaut de vision sur la Choroïde quand on regarde les objets avec les deux Yeux, parce qu'alors ils ne peuvent nuire ni à la vision directe, ni à la Vision oblique : ils ne peuvent nuire à la Vision directe, parce qu'il n'y a point de ces vaisseaux en l'endroit où l'Axe de la Vûë perce la Rétine, ni dans un espace considérable à l'entour : ils ne peuvent aussi nuire à la Vision oblique, parce que les rayons d'un même point lumineux ne tombent pas sur les mêmes endroits dans chacun des Yeux ; & c'est par la même raison que lors qu'on a les deux Yeux ouverts, on ne s'apperçoit pas du défaut de Vision qui se fait sur les bases des Nerfs-Optiques. Je dis encore, que les vaisseaux de la Rétine qui sont proches de l'Axe de la vûë, ne peuvent causer aucun défaut sensible de vision dans un seul Oeil, pour plusieurs raisons, dont les plus importantes sont ; que ces vaisseaux sont transparens, & nullement opaques ; que les petits filets de sang qui y coulent n'ont pas plus d'épaisseur qu'un cheveu, c'est à dire que la vingt-quatriéme partie d'une ligne ; & qu'étant situez la plupart en la surface de la Rétine contiguë à la membrane de l'humeur vitrée, ils sont trop éloignez de la Choroïde pour intercepter tous les rayons qui partent d'un point lumineux, & ils en laissent assez passer pour faire appercevoir les plus petits objets, s'ils sont suffisamment éclairez. Et à l'égard des vaisseaux qui sont plus éloignez de l'Axe de la Vûë, je demeure d'accord qu'il y en a quelques-uns dont les filets de sang sont assez gros pour causer quelque défaut de vision, particuliérement à leur sortie de la base du Nerf-Optique, & dans les angles de leurs ramifications : mais ces défauts de Vision étant beaucoup moins considérables que celui qui se fait sur la base du Nerf-Optique, puis que la lar-

largeur de cette base est sept ou huit fois plus grande que l'épaisseur des plus gros filets de sang de ces vaisseaux, il s'ensuit qu'il est très-difficile de s'en appercevoir; & on sera persuadé de cette difficulté, si l'on considére qu'avant mon observation on ne s'étoit point apperçû de celui qui se fait sur cette base; & c'est pour ce sujet que je n'ai point parlé de ces petits défauts dans ma seconde Lettre à Monsieur *Pecquet*. On peut pourtant les remarquer, & c'est un fait que je dois établir aussi bien que les autres que j'ai avancez, c'est à dire, qu'il faut que je vous explique de quelle sorte vous pourrez observer tous les faits que je viens de supposer.

Pour cet effet ayez un Oeil bien frais, auquel avant que de l'ôter de l'orbite, on ait marqué deux lignes sur la Cornée, l'une verticale, & l'autre horisontale, se coupant à angles droits au centre de cette Membrane; & après avoir coupé le Nerf-Optique à fleur de la Choroïde, mésurez la circonférence de l'Oeil avec une petite bandelette de papier d'environ une ligne de largeur; marquez le milieu de cette bandelette avec un point noir, & posez cette marque sur le centre de la Cornée, & prenant de nouveau la mésure de la circonférence de l'Oeil selon l'une de ces lignes tracées, vous marquerez sur la Sclérotique le point où les extrémitez de la bandelette se rencontreront dans la partie opposée à la Cornée; faites la même chose à l'égard de l'autre ligne, & vous trouverez à fort peu près le point de l'axe de la Vuë dans la surface extérieure de la Sclérotique; percez l'œil en cet endroit avec une aiguille jusques à deux ou trois lignes de profondeur, & ayant ôté l'aiguille, mettez en sa place une petite épingle d'environ trois lignes de longueur, ou un petit clou à tête plate; coupez ensuite l'Oeil par la moitié, de la maniére que je l'ai expliqué dans ma seconde Lettre à Monsieur *Pecquet*, & vous verrez distinctement qu'il n'y aura aucun filet de sang dans l'endroit où le petit clou aura percé la Rétine, ni dans un espace assez considérable à l'entour (dans les yeux des Bœufs cet espace répond à l'ouverture oblongue de l'Uvée, & est à peu près d'une même figure & d'une même grandeur) vous verrez aussi la disposition des vaisseaux de la Rétine, à peu près comme ils sont représentez en la figure 1. à la page suivante, en laquelle le cercle ABCD représente la Rétine dans le fond de l'Oeil; le petit cercle *ae*, le base du Nerf-Optique; AEC, BED, les projections de deux lignes qu'on suppose se couper à angles droits au point E & représenter les Sections des plans qui passeroient par les deux lignes tirées sur la Cornée; E, le point où l'Axe de la Vûe perce la Rétine; *edc*, *afb*, deux des plus larges vaisseaux de la Rétine, dont les troncs sortent presque toujours du milieu de la base du nerf; *dl*, *fi*, deux petits rameaux de ceux qui sont les plus proches du point E: il est vrai que ces choses peuvent peuvent n'être pas précisément de même en toutes sortes d'Yeux; mais la différence en étant peu considérable, on ne lais-

laiſſera pas d'en tirer les mêmes conſéquences. Il faudra lever enſuite l'humeur vitrée de deſſus la Rétine, & vous remarquerez que le ſang de ſes petits vaiſſeaux eſt d'un rouge très-vif : ce qui marque ſuffiſamment que les Membranes qui le contiennent, ſont diaphanes & transparentes ; car ſi elles étoient opaques, le ſang y paroitroit livide comme dans

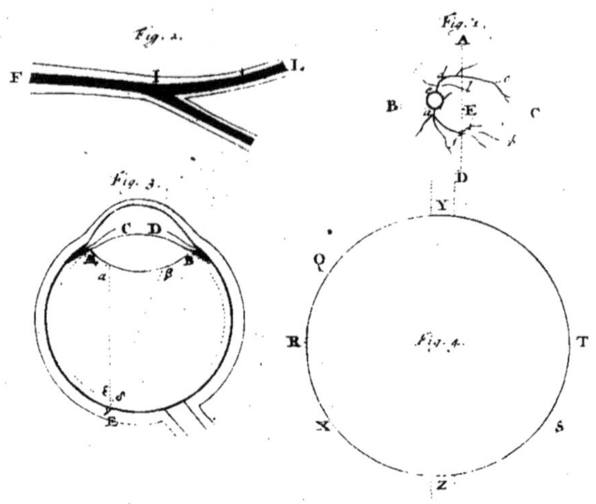

les veines des autres parties du corps. Mais, pour être plus aſſuré de cette tranſparence, levez-en quelques filamens avec une aiguille, ce qui eſt facile, car ils ſont la plupart à fleur de la Rétine ; mettez un petit carton par deſſous, & quand ils y ſeront joints, coupez-en les extrémitez, & regardez ce qui ſera ſur le carton avec un bon Microſcope : ces petits vaiſſeaux coupez vous paroitront à peu près comme la figure marquée 2, en laquelle la ligne noire F I L repréſente le filet de ſang, & tout le reſte eſt l'épaiſſeur de la Membrane, qui vous paroitra fort tranſparente, & beaucoup plus large que le filet de ſang.

Conſidérez maintenant la figure de l'Oeil marquée 3, en laquelle A B repréſente le Cryſtallin, C D l'ouverture de l'Uvée, $\alpha\beta\gamma$ un Cone de lumiére produit d'un ſeul point d'un corps lumineux, $\delta\varepsilon$ une partie de la ſurface antérieure de la Rétine proche de l'Axe, qui ſert de baſe au petit Cone $\delta\varepsilon\gamma$ partie du grand $\alpha\beta\gamma$: Or C D ouverture de l'Uvée eſt ordinairement de $\frac{4}{3}$ de ligne, & $\alpha\beta$ eſt à peu près de même largeur ; $\beta\gamma$ eſt environ de ſix lignes $\frac{2}{3}$ ou $\frac{20}{3}$, & $\gamma\varepsilon$ d'un tiers de ligne : Mais comme $\beta\gamma$ $\frac{20}{3}$ eſt à $\alpha\beta$ $\frac{4}{3}$, ainſi $\delta\gamma$ $\frac{1}{3}$ eſt à $\delta\varepsilon$: Donc $\delta\varepsilon$ ſera environ $\frac{1}{15}$ de ligne. Mais, j'ai ſuppoſé que les petits filets de ſang des plus petits vaisseaux n'avoient que la vingt-quatriéme partie d'une ligne de largeur. Donc $\delta\epsilon$ sera à l'épaisseur de ce petit filet de sang, comme vingt-quatre à quinze ; & par conséquent s'il se rencontre un petit vaisseau dans l'espace $\delta\epsilon$, une partie considérable de ce Cone de lumiére passera deçà & delà du petit filet de sang jusques à la Choroïde ; & si ce Cone de lumiére est produit par une étoile, on ne la perdra pas de vûë, quand même on pourroit fixer l'Oeil long-tems à un point indivisible dans le Ciel. Mais, par ma troisiéme supposition, l'œil est trop mobile pour cet effet, & il doit arriver que quand par hazard on auroit fixé l'Oeil à ce point, & que l'étoile auroit été vûë foiblement, l'impression qui seroit restée de la vûë immédiatement précédente, & celle qui suivroit lors que l'Oeil se fixeroit ailleurs un moment après, feroit paroître cette étoile comme si on l'avoit toujours vûë également, ainsi qu'il a été dit du charbon ardent en la premiére Supposition ; & par conséquent il est comme impossible qu'on s'apperçoive de ces défauts de Vision, ni que dans une Vûë médiocrement oblique il paroisse qu'on ait perdu de vûë une étoile un peu considérable, lors qu'on en regarde une autre un peu à côté, quand même la Membrane transparente qui enferme le sang auroit la réfraction semblable à celle de la Rétine : mais étant comme elle est d'une matiére sulphurée, & par cette raison sa réfraction devant être à peu près comme celle du Crystallin, il se fera une réfraction des rayons qui tomberont dessus, & ils feront un petit foyer de lumiére sur la Choroïde au dessous du petit vaisseau au point γ, quand même il n'en seroit éloigné que d'un quart de ligne, ou encore moins ; à cause que la différence de réfraction de ces Membranes & de la Rétine étant fort petite, les rayons qui se rompent vers les extrémitez des petits vaisseaux, passent à côté des petits filets de sang. Ceux qui savent les régles de l'Optique comprendront facilement cette raison, & ceux qui ne les savent point, pourront connoître la vérité de l'effet par l'expérience suivante.

Il faut avoir un tuyau de verre fort menu, comme d'une ligne, & l'emplir d'encre, en le trempant dedans ; & après l'avoir essuyé en dehors, il faut l'exposer au Soleil, & mettre un petit papier fort près au dessous, & on verra que le petit tuyau fera ombre de toute sa largeur sur le papier. Mais, si on met dans de l'eau très-claire le tuyau avec le papier, & qu'il soit exposé de la même maniére au Soleil, on verra une petite lumiére réünie sur le papier, directement au dessous du tuyau ; & on pourra juger la même chose à l'égard des petits vaisseaux de la Rétine : d'où il est facile de connoître, que lors que la Lune est vûë obliquement, on ne peut s'appercevoir d'aucun défaut de Vision au sujet de ces vaisseaux, parce que la Lune étant plus large de beaucoup qu'une étoile, sa lumiére doit faire un foyer considérable passant par les Membranes transparentes de ces vaisseaux ; & la lumié-

re

re de ce foyer, aussi-bien que celle qui passe à côté de ces Membranes sur la Choroïde; ébranle les fibres des nerfs voisins où il ne tombe point de lumiére de la Lune sur la Choroïde, qui est d'environ $\frac{1}{16}$ de ligne, si la concavité du fond de l'Oeil est d'une sphére de sept lignes de rayon; & quand même les fibres des nerfs voisins ne seroient point ébranlées, on ne laisseroit pas de la voir, parce que cette lumiére n'étant pas encore réünie, lors qu'elle traverse la surface antérieure de la Rétine où sont les vaisseaux, elle y occupe un espace plus grand que la seiziéme partie d'une ligne. Par les mêmes raisons on ne verra point de défaut de Vision à l'égard d'un grand papier qu'on voit obliquement, où d'un autre objet d'une grandeur considérable; & par conséquent il n'y a point d'endroit dans la Choroïde au fond de l'Oeil où il ne se fasse quelque Vision. Pour l'observation des pertes des petits objets par l'interposition des plus gros filets de sang, voici comme je la fais.

Je prens un cercle de papier d'un pié de diamétre, représenté par le cercle QRXT dans la figure quatriéme, que j'applique contre un fonds obscur: je mets environ à deux piés de distance à droite, un petit papier fort blanc & fort éclairé d'un demi pouce de diamétre; & je m'éloigne de ces papiers, de dix piés plus ou moins, jusques à ce que fixant l'Oeil droit sur le plus proche bord du grand rond de papier, je perde de vûë le petit, & que le fixant aussi à l'autre bord opposé, il me disparoisse aussi: il ne faut pas que le petit papier soit à même hauteur que le centre du grand, mais il doit être environ quatre pouces plus bas; enfin j'augmente ou je diminuë ces distances, & je tâtonne jusques à ce que promenant mon Oeil sur la circonférence du grand papier, je perde toujours le petit, & que regardant un peu à côté comme vers les points Q, R, S, T, je le revoye; & alors je m'apperçois que vers les endroits marquez Y & Z, au dessus & au dessous du diamétre vertical de ce cercle, il y a un espace grand d'environ trois pouces, & de trois ou quatre lignes de largeur, où fixant l'Oeil, je perds encore le petit papier; ce que je ne peux attribuër qu'aux deux trones des vaisseaux *afb*, *edc*, (Fig. 1.) qui au sortir de la base du Nerf-Optique couvrent un espace de la Choroïde assez large, & en sont assez proches pour causer en cet endroit un défaut de Vision. Et pour m'appercevoir des défauts de Vision qui se font par l'interposition des gros vaisseaux *afb*, *edc*, dans quelques autres endroits plus éloignez de la base du Nerf, je me sers de deux ou trois bandelettes de papier, larges d'un demi pouce, & longues d'un pié, marquées en travers de plusiéurs grosses raiës noires; je les applique sur le même fonds entre le grand & le petit papier environ deux piés plus haut à une distance de trois ou quatre pouces l'une de l'autre, & dans une situation verticale; & alors étant assis à la même distance qu'auparavant, & ayant la tête appuyée fermement, je parcours avec le même Oeil les raiës noires de ces papiers, & les intervalles blancs, & je rencon-

 tre

tre presque toujours quelque point, où fixant l'Oeil je perds de vûë le petit papier; ce qui arrive à ce que je crois, lors que ses rayons tombent sur les angles des ramifications de ces gros vaisseaux *ab*, *ec*, ou dans leurs autres parties qui ont une largeur suffisante. J'ai fait plus de vingt fois cette expérience, & je puis vous assûrer y avoir presque toujours réüssi. Mais parce que lors qu'on fixe trop long-tems un Oeil sur quelque point, la vûë se trouble un peu, & on perd souvent de vûë un petit objet qui est beaucoup à côté: pour m'assurer que la perte que je faisois du petit papier ne procedoit pas de cette cause, je fermois l'Oeil un peu de tems, le tenant toujours dans la même situation; & l'ouvrant tout-à-coup, je le fixois au point que j'avois remarqué, & souvent le petit papier me disparoissoit; & le fixant ensuite un peu plus haut, ou un peu plus bas, je le revoyois: ce qui m'a suffisamment assuré qu'il se fait quelques défauts de vision par l'interposition des vaisseaux de la Rétine. Mais cette expérience est très-difficile, & je crois que peu de personnes auront la patience de la faire, & de s'accoutumer à fixer assez long-tems un Oeil à un point déterminé, ce qui est nécessaire: car si on ne l'y fixe qu'un moment, on croira avoir toujours vû le petit papier, suivant ce qui a été dit ci-dessus. Par ces expériences & par ces raisonnemens vous pouvez connoître que les vaisseaux de la Rétine me fournissent une preuve très-forte contre votre Systême: & puis que la Nature a affecté de ne point placer de ces vaisseaux vers l'endroit où se fait la vision directe, que ceux qu'elle a placez près de cet endroit sont très-peu larges, qu'ils ont tous leurs membranes transparentes, qu'ils sont éloignez de la Choroïde le plus qu'il a été possible, & que toutes ces précautions sont nécessaires pour empêcher des défauts considérables en la Vision, si la Choroïde en est le principal organe; il faut croire que cette Membrane a été destinée pour cet usage, & c'en est une preuve très-forte, & qui pourroit suffire, quand même il n'y auroit point d'autres raisons plus convaincantes.

La plupart des faits que vous posez, pour soutenir que la Choroïde n'est pas propre pour être l'organe de la Vision, & les conséquences que vous tirez de ceux dont je demeure d'accord, me semblent avoir peu d'exactitude. Mais sans m'arrêter à les considérer en détail, je me contenterai de dire ici les propriétez que j'ai remarquées en cette Membrane, & que vous pourrez remarquer comme moi si vous les observez avec la même méthode.

Après avoir levé doucement la Rétine de dessus la Choroïde d'un Oeil demi coupé, soit d'un homme, ou d'un oiseau; j'expose le concave de cette derniére membrane à quelques objets terminez par des lignes droites, comme des Clochers, des Tours, des Cheminées, &c. & j'y vois toutes les extrémitez de ces objets, & tous leurs linéamens exactement représentez sans se confondre avec le bleu de l'air, en sorte qu'il qu'il n'y a point de miroir concave qui puiſſe les repréſenter mieux : or c'eſt ce qui n'arriveroit pas, ſi la Choroïde étoit raboteuſe & inégale, comme vous le penſez. Il eſt vrai que ſi je la frotte avec le doigt, je briſe un enduit noir ou petite pellicule qui la couvre, qui eſt beaucoup plus délicate que l'épiderme de la peau de la main, & je ſalis par la noirceur de cet enduit une humidité aqueuſe & claire que la Rétine y laiſſe ; & alors il paroît ſur mon doigt de petits fragments noirâtres, mêlez avec une partie de cette humidité qui s'y attache, qui eſt ce que vous appellez une bouë noirâtre mal détrempée. Mais vous n'en pouvez tirer aucune conſéquence contre la poliſſure & l'égalité de la Choroïde, lors qu'elle eſt en ſon état naturel, non plus que ſi vous aviez froté le vif argent qui eſt derriére un miroir, & qu'en s'attachant à votre doigt il vous parut inégal comme du ſable, ou de la poudre groſſiére, vous ne pourriez conclure que ſa ſurface qui touche le verre ne fut très-polie & très-égale avant que vous y euſſiez touché : & je m'étonne que vous puiſſiez douter de cette égalité de la Choroïde, puis que le même raiſonnement que vous employez pour prouver que la ſurface antérieure de la Rétine eſt polie & égale, peut ſervir auſſi pour prouver la même choſe à l'égard de la Choroïde ; car la concavité de la Sclérotique étant polie, & la ſurface convexe de l'humeur vitrée l'étant auſſi, il eſt difficile que la Rétine & la Choroïde, qui ſont preſſées & ſerrées entre ces deux ſurfaces, ne s'accommodent à leurs figures. On peut connoître auſſi avec la ſimple vûë la poliſſure de la Choroïde ; mais elle paroît mieux dans les yeux des animaux à quatre piés, à cauſe qu'une grande partie de cette Membrane y eſt d'une couleur blanchâtre, qui la fait mieux diſcerner. Je ne détermine point ſi la Viſion ſe fait ſur cette premiére ſurface de la Choroïde, que vous appellez le tapis, ou ſi ce tapis ne ſert que d'épiderme ; car il eſt croyable que les fibres de la Pie-mére s'y étendent auſſi bien que dans le reſte de la Choroïde, puis que ſa partie noire & ſa partie blanchâtre ont une même continuité de fibres.

Après avoir examiné cette premiére ſurface, je léve la Membrane entiére, & je remarque que dans les yeux des hommes elle eſt mince & déliée comme une feuille de papier fin, c'eſt à dire, à peu près comme la Pie-mére dans le Cerveau. Je remarque auſſi, que dans la partie contiguë à la Sclérotique, il y entre pluſieurs petits vaiſſeaux remplis de ſang : mais ces petits vaiſſeaux s'y entrelaſſent ſi bien avec les parties nerveuſes, qu'il eſt difficile de les diſtinguer ; & par cette raiſon ils ne peuvent non plus empêcher l'impreſſion de la lumiére ſur cette Membrane, que les vaiſſeaux qui s'étendent & ſe répandent dans la peau de la main, n'empêchent pas que le feu ne produiſe en toutes ſes parties le ſentiment de la Chaleur, & que la pointe d'une aiguille n'y faſſe ſentir ſa piquûre en quelque endroit qu'on l'y applique, ſans que l'épiderme inſenſible qui la couvre, ni les petits vaiſſeaux pleins de

 ſang,

sang, ou d'autre liqueur, qui y sont répandus, puissent nuire à ces sentimens; & même il arrive quelquefois qu'un des doigts de la main devient pâle & décoloré, & alors il n'a pas le sentiment si vif que les autres, comme si le sang contribuoit au sentiment en échaufant les Nerfs, ou par quelque autre propriété. A l'égard de la noirceur qui paroît dans la Choroïde, elle est absolument nécessaire pour une Vision exquise, comme je l'ai prouvé dans ma seconde Lettre à Monsieur *Pecquet :* & vous savez aussi bien que moi, que si on expose du marbre blanc & du marbre noir au Soleil en Eté, le noir deviendra beaucoup plus chaud que le blanc; & que lors qu'on ne peut allumer du papier blanc au Soleil avec un verre convexe, on n'a qu'à le froter d'encre, ou le salir avec du suc de quelque herbe, ou de quelque autre chose, pour y faire voir le feu presque en un moment.

J'avois fait dessein de montrer ici que la Choroïde a plus de communication avec le Nerf-Optique, & ensuite avec le Cerveau, que la Rétine; mais parce que vous pourrez voir les raisons que j'en donne dans ma seconde Lettre à Monsieur *Pecquet*, j'ai crû que ce seroit une chose inutile de les répéter. Il me suffit de dire, que si par le Nerf-Optique vous entendez sa moëlle, l'objection que vous me faites qu'il n'a point de commerce avec la Choroïde, est une pétition de principe, puis que je soutiens que cette partie du Nerf-Optique est insensible à la lumiére.

Je ne m'arrêterai pas aussi à redire les raisons qui sont dans la même Lettre, pour montrer que la Rétine n'est pas propre pour être l'organe de la Vision. J'ajouterai seulement, que sa premiére surface étant considérée comme indivisible, est un Etre Mathématique, qui ne peut produire ni recevoir aucun effet naturel; & qu'étant considérée comme ayant quelque épaisseur, les petits vaisseaux remplis de sang qui s'y rencontrent, y causeroient des défauts considérables de Vision, parce que les Cones de lumiére s'y termineroient, outre que sa mollesse la rend mal propre à transmettre au Cerveau les impressions de la lumiére, au lieu que la Choroïde est très-bien disposée pour cet effet. On en voit l'expérience dans une longue piéce de bois, ou dans une longue corde tenduë: car la corde & la piéce de bois transmettent facilement de l'une de leurs extrémitez à l'autre, l'impression du choc qu'elles reçoivent, ce que ne pourroit faire que très-foiblement un long amas d'une matiére semblable à la mucosité dans les organes des autres sens, qui ont tous beaucoup de raport à la Choroïde: ce qui doit faire juger que toutes les sensations se font par le moyen des membranes qui procédent de la Pie-mére desquelles les Nerfs sont revétus, & que la moëlle du Nerf ne sert qu'à contenir les esprits, ou les subtiles liqueurs, qui servent aux mouvemens, & à quelques autres usages.

Il ne me reste donc plus, Monsieur, qu'à parler des deux causes que

que vous apportez du défaut de Vision qui se fait sur la base du Nerf.

La premiére est presque semblable à l'une de celles que donne Monsieur *Pecquet*, sinon qu'au lieu d'une houpe de petites fibres qu'il fait sortir de la base du Nerf, vous la couvrez d'un fagot de fibres serrées. Mais cette hypothése est contraire aux observations, car ces fibres n'ont jamais été apperçûës de personne. J'ai manié & pressé entre mes doigts plusieurs Rétines de plusieurs sortes d'Animaux; je les ai regardées avec d'excellens Microscopes, & je n'y ai jamais pû remarquer qu'une mucosité uniforme, sans autres filamens que ceux des petites veines & Artéres : & c'est en conséquence de ces observations que je nie l'existence de la premiére cause que vous donnez du défaut de Vision qu'on remarque dans mon expérience.

Je nie aussi l'existence de la seconde, c'est à dire, que je soutiens qu'il ne passe dans l'Oeil aucune lumiére sensible par derriére au travers des Nerfs-Optiques. La raison est, que la lumiére qui a fait plusieurs réflexions, est plus foible que la lumiére directe : or si je couvre exactement mes deux yeux avec mes deux mains, & que je les tienne fermez en même tems, j'apperçois une obscurité aussi entiére en me tournant vers un objet fort éclairé, qu'en me tournant vers un lieu très-obscur. Cependant la chair des mains & les paupiéres ne sont pas plus épaisses, & sont aussi transparentes que les muscles de l'Oeil, & que les fibres & les envelopes du Nerf-Optique; & par conséquent la lumiére devroit passer directement avec autant de facilité à travers les mains, & à travers les paupiéres, qu'à travers les muscles de l'Oeil, & ensuite par réflexion à travers le Nerf-Optique : d'où je conclus qu'il ne peut passer par derriére aucune lumiére sensible à travers la base de ce Nerf.

Il m'est encore facile de prouver que si ces causes étoient véritables, c'est à dire, s'il y avoit un vaisseau de fibres qui étoupât la base du Nerf-Optique, ou s'il y passoit une lumiére considérable par derriére; ces choses supprimeroient aussi bien la Vision dans le reste de la surface antérieure de la Rétine, que dans le petit cercle qui répond directement à cette base : car puis que cette petite surface circulaire n'est pas moins polie que celle où passe l'axe de la Vûë, puis qu'elles sont également contiguës à l'humeur vitrée; l'impression que l'une reçoit de la lumiére ne s'étendroit pas plus facilement que celle que reçoit l'autre à travers ce faisseau de fibres, pour se communiquer au Cerveau; & le mouvement précipité des esprits Visuels, que vous supposez en cet endroit, n'empêcheroit guére moins leur tranquilité vers l'axe de la Vûë, que vers la partie qui est directement exposée à ces fibres serrées. Il m'est encore impossible de comprendre comme il se pourroit faire que la lumiére qui passeroit par derriére par l'ouverture que laisse la Choroïde, ne pût faire son impression que précisément

ment ſur la partie de la ſurface de la Rétine qui lui correſpond, puis qu'y entrant par réflexion, elle s'étendroit obliquement de tous côtez. On en voit l'expérience lors qu'on laiſſe entrer par un très petit trou dans une chambre fermée la lumiére qui ſe réfléchit ſur quelque maiſon oppoſée: car ſi on met un papier blanc vis-à-vis de ce petit trou, à deux ou trois piés de diſtance; on verra des images obſcures des diverſes parties de la maiſon ſur les parties du papier qui ſont à côté, auſſi bien que ſur celle qui lui eſt directement & préciſément oppoſée. On pourra remarquer auſſi, que les objets qu'on ne pouvoit diſtinguer dans la chambre avec cette foible lumiére, ſeront facilement diſtinguez quand on ouvrira les fenêtres: ce qui détruit entiérement votre ſeconde cauſe. &c.

F I N.

TRAITÉ
DU
NIVELLEMENT.
AVEC
LA DESCRIPTION
DE QUELQUES NIVEAUX
nouvellement inventez

Par M[r]. MARIOTTE,
de l'Académie Royale des Sciences.

Imprimé sur la derniére & la plus compléte Edition, augmentée & corrigée de nouveau.

TRAITÉ DU NIVELLEMENT.

DÉFINITIONS.

I.

Eux points ſont dits être de niveau entr'eux, lors qu'ils ſont également diſtants du centre de la terre; & un rectangle eſt dit être de niveau, ou poſé horiſontalement, lors qu'une ligne tirée du centre de la terre au point où s'entrecoupent les diagonales du rectangle, eſt perpendiculaire au plan du rectangle; & ce point ſera dit point d'attouchement.

II.

Lors qu'un plan touche une ſphére qui a pour centre le centre de la terre, chaque point pris dans ce plan eſt dit être dans un même plan de niveau avec le point d'attouchement.

III.

Un point eſt dit avoir ſon apparence dans le plan du niveau, lors qu'il paroît dans ce plan; ſoit qu'il y ſoit réellement, ou que les refractions l'y faſſent paroître.

SUPPOSITIONS.

I.

Si l'on verſe de l'eau au point d'attouchement d'une ſurface horiſontale d'un corps auquel l'eau ne s'attache pas facilement, elle ſe mettra de niveau; c'eſt à dire, que lors qu'elle ſera calme & arrêtée, tous les points pris en ſa ſurface ſupérieure ſeront également diſtants du centre de la terre, hormis vers ſes extrémitez, où elle prendra une figure courbe fort convexe. Comme, ſi la ligne mixte A B C D eſt la ſection d'un plan & d'une ſurface d'eau étenduë ſur une ſurface plane horiſontale; tous les points pris en la partie B C, ſeront de niveau entr'eux: mais les extrémitez A B, C D, auront une courbure convexe; & la plus grande épaiſſeur que puiſſe prendre l'eau verſée ſur cette ſurface, ſera d'environ une ligne & demi, qui eſt la huitiéme partie d'un pouce; & la courbure A B ou C D, n'excédera pas un pouce. Que ſi l'on verſe davantage d'eau, & qu'elle s'étende comme juſques en L & en M, tous les points que l'on prendra en G B E C H, ſeront auſſi de niveau entr'eux, & G L & H M prendront une courbure ſemblable à cel-

TAB. XXII. Fig. 1.

celle de AB. Que si la surface où l'eau est versée, est de bois, ou de quelque autre matiére où l'eau s'attache, l'eau s'étendra d'elle-même peu à peu, quoiqu'on n'y en verse point de nouvelle, & diminuëra d'épaisseur ; ce qu'on évitera, si on met de la cire aux extrémitez M & L, ou quelque autre matiére séche & grasse: mais GBECH étant partie d'une circonférence d'un grand cercle dont le rayon est le demi diamétre de la terre, sera prise pour une ligne droite, lors qu'elle n'excéde pas cinq ou six piés, puis qu'il n'y peut avoir aucune sensible différence entre cette ligne courbe & sa tangente au point E, supposé également distant de G & H.

II.

Si l'on met de l'eau dans un vaisseau de bois, comme ABCD, la ligne EF étant dans la surface de l'eau, lors que l'eau aura humecté peu à peu les parties vers G & I, elle prendra vers ses extrémitez E & F une courbure concave comme GH, IL; mais le reste HL aura toutes ses parties de niveau entr'elles, & EH, ou FL, n'excédera pas un pouce. TAB. XXII. Fig. 2.

III.

Si un plan est incliné à un plan de niveau au point d'attouchement, l'eau qu'on versera sur ce plan coulera vers le plan de niveau. AB représenté le plan de niveau, & DC le plan incliné ; C est le point commun des deux sections : l'eau coulera de D vers C, si elle est en quantité suffisante. Ces trois suppositions se prouvent facilement par l'expérience. TAB. XXII. Fig. 3.

IV.

Les points qui sont dans un même plan de niveau également distans du point d'attouchement, sont de niveau entr'eux ; mais ceux qui en sont inégalement distans, sont inégalement distans du centre de la terre, & ne sont pas de niveau entr'eux.

LEMME.

Si l'on verse de l'eau ou une autre liqueur à l'extrémité d'un parallellogramme de niveau d'une telle matiére qu'elle ne s'y attache point, elle coulera vers le point d'attouchement. Soit BEGNDC la commune section d'un parallelogramme de niveau & d'un grand cercle de la terre HGI, dont A est le centre & G le point d'attouchement : & du centre A soit décrit le cercle FED, de l'intervalle AD; & le cercle NO, de l'intervalle AN ; & LDM & PNQ soient les touchantes aux points D & N. Or DC étant inclinée à LDM au point D, l'eau coulera de C en D, par la troisiéme Supposition ; & de D en N, par la même supposition ; & ensuite vers G point d'attouchement de la ligne BC & du cercle HGI, puis qu'on peut décrire toujours d'autres cercles entre NO & GI, qui seront coupez par la ligne TAB. XXII. Fig. 4.

 GC,

GC; & par conséquent elle sera toujours inclinée aux touchantes en ce point, & l'eau coulera jusques au point G, qui est le plus près du centre A : mais si on verse l'eau fort près de G en petite quantité, & qu'elle s'attache à la matiére; cet attachement pourra surpasser son impulsion du côté de G, & l'empêcher de couler au commencement qu'elle sera versée.

DESCRIPTION DU NIVEAU, ou instrument pour niveller.

TAB. XXII. Fig. 7. CE niveau est un petit Canal de bois d'une seule piéce, représenté en la 7e. figure. A B, largeur du niveau, est de 4 ou 5 pouces; sa longueur B C est depuis 2 piés jusques à 5 ou 6; sa hauteur AD, de 2 ou 3 pouces; son épaisseur par en bas, EF, est d'un demi pouce; & IL, épaisseur des côtez, est d'environ 3 lignes, afin qu'il reste environ 4 pouces pour la largeur de la surface OG, sur laquelle on doit verser de l'eau pour niveller. Cette surface doit être enduite de cire près de ses extrémitez selon toute sa largeur, & de la longueur d'environ 4 ou 5 pouces, comme depuis H jusques à M & de N jusques à P, ensorte que si un plan perpendiculaire à cette surface la coupe par le milieu en sa longueur, la section de la cire & de la surface soit comme en la figure 8e, où ABEFCD est la section de la surface sur laquelle on verse l'eau; la hauteur & la longueur de la cire est représentée par les triangles BGE, CHF; sa figure solide est comme le coin IL en la 5e. figure; A B ou C D, distance des extrémitez du niveau jusques à la cire, est de 4 ou 5 pouces; & B G ou C H est d'une ligne de hauteur, afin que l'eau étant versée sur le niveau jusques à ce qu'elle s'étende en M & N, sa surface supérieure représentée par la ligne ponctuée OP, soit plus élevée que les points G & H, puis que par la premiére Supposition elle aura plus d'une ligne de hauteur.

TAB. XXII. Fig. 8.

Or si l'on verse de l'eau doucement dans le milieu de ce niveau posé à peu près horisontalement, elle s'étendra peu à peu vers les extrémitez; & si l'on voit qu'elle coule plus d'un côté que de l'autre, il faudra élever l'extrémité la plus basse avec de petits coins de bois, & faire ensorte que l'eau aille de part & d'autre jusques sur la cire, à peu près en égale distance de GB & CH; & parce que l'eau ne s'attache pas facilement à la cire, elle s'y arrêtera sans couler plus loin, & rien n'empêchera que l'on ne voye tout le long de sa surface supérieure qui sera de niveau, à la reserve de ses extrémitez vers M & N, & joignant les côtez du niveau, par la premiére & seconde Supposition. Il n'est pas nécessaire d'observer précisément toutes les mésures ci-dessus, & l'on y peut un peu ajouter ou diminuer.

USA-

USAGE DE CE NIVEAU.

SI l'on veut trouver deux points de niveau éloignez l'un de l'autre d'environ 200 piés, il faut placer le niveau au milieu de la distance; & après l'avoir tourné du côté des points à niveller, en sorte qu'un plan passant par ces points coupe le niveau selon la longueur, on y versera l'eau, comme il a été dit ci-dessus; puis on taillera une petite bande de papier ou de carton blanc, qui ait les angles droits & les côtez opposez parallelles, longue d'environ 12 pouces, & large de deux, comme ABCD, près du milieu de laquelle on tirera deux lignes noires parallelles à AB, comme FE, GH, distantes de 2 ou 3 pouces l'une de l'autre, & on les grossira jusques à la largeur d'environ 2 ou 3 lignes; après on fera porter ce papier vers l'un des points qu'on voudra niveller, & le faisant tenir perpendiculairement à l'horison, ensorte que les lignes F E, G H, qu'on appellera les signes, soient à peu près horisontales, on le fera hausser & baisser, jusques à ce que tenant l'œil environ à un demi pié de distance du niveau, & un peu plus haut que la surface de l'eau, l'on voye dans l'eau l'image du signe supérieur, & non celle du signe inférieur, & que les trois signes noirs qui paroitront, savoir les deux du papier & l'image du supérieur, soient apparemment en égales distances entr'eux, ce que l'on observera facilement, si l'œil étant suffisamment baissé, on fait baisser le papier, au cas que le troisiéme signe, qui est l'image du supérieur, paroisse trop éloigné de celui du milieu, ou qu'on le fasse hausser s'il en paroît trop proche; & lors qu'on les jugera tous trois en distances égales, le milieu de la largeur du signe inférieur sera dans un même plan de niveau avec le milieu de la surface de l'eau, & si l'on marque contre un mur, ou ailleurs, un point de même hauteur que ce milieu du signe inférieur, ce sera un des points requis: l'on fera de même de l'autre part, & l'on aura deux points distants entr'eux de 200 piés, également distants du centre de la terre. TAB. XXII. Fig. 6.

DÉMONSTRATION.

AB est une ligne de commune section d'un plan vertical, & de la surface horisontale de l'eau qui est dans le niveau; la ligne CD, perpendiculaire à l'horison, est la section de la bande de papier où sont les signes par le même plan vertical; E & C sont des points dans le milieu des signes. Or si l'on suppose que la ligne AB comme droite soit continuée en E, & que l'œil soit en F; un rayon de C tombant sur l'eau en G, se réfléchira en F, si l'angle CGE est égal à FGA, & le point C sera vû par réflexion au point D, & DE sera égal à CE par les principes d'Optique. Que si l'œil est reculé en L, ou abaissé TAB. XXIII. Fig. 9.

en H, il verra l'image du point C en D selon la ligne LHID; & plus l'œil sera proche de l'eau, ou éloigné de CD, plus le point d'intersection du rayon visuel & de la ligne A E s'approchera du point A: comme, s'il est en M, ce point sera N dans la surface de l'eau qui est dans le niveau, & E D paroitra toujours égale à E C, & par conséquent le point E, qui est au milieu du signe inférieur, sera dans le même plan horisontal que la ligne AB, ou que le plan touchant la ligne AB au point N, qui dans une distance comme de cent piés, peut être pris pour une même chose, puisque la différence n'est pas $\frac{1}{17}$ de ligne, supposant le demi diamétre de la terre de 20000000 piés, laquelle différence est insensible. Mais quand par quelque cause naturelle inconnuë, le point E paroitroit plus haut que le juste niveau, le point à niveller de l'autre part paroitra aussi plus haut; si plus bas, l'autre paroîtra aussi plus bas dans les mêmes proportions: donc ils seront toujours dans un même plan de niveau; & étant également distans du point N, ils seront également distans du centre de la terre par la quatriéme Supposition.

Ceux qui n'entendent pas les démonstrations, & qui ont quelquefois remarqué, que lors qu'une eau dormante bat contre un mur de pierre de taille, les jointures des pierres paroissent aussi enfoncées sous l'eau qu'elles sont élevées au dessus, soit qu'on en soit loin ou près, & à quelque distance que les yeux soient de l'eau; pourront connoître la certitude & la justesse de ce nivellement, & que l'image du point C, doit toujours paroître autant au dessous de la ligne A E, qu'il est élevé au dessus.

Que si l'on objecte qu'on ne peut juger précisément quand le point E est également distant de D & C; l'on répond que l'excès, ou le défaut, s'il y en a, sera moindre qu'une demi ligne dans une distance de 100 piés: car si dans une même bande de papier blanc on met trois lignes parallelles A, B, C, en égales distances d'un pouce, & trois autres D, E, F, en inégales distances, dont la différence soit d'une ligne; l'on connoitra facilement la distance inégale EF. De même, si ABE est une ligne de niveau de 100 piés, & AB, section de l'eau du niveau, une ligne de 2 ou 3 piés; & qu'on éléve la ligne CD d'une demi ligne, ensorte que le point E soit comme en F: le point C sera aussi élevé d'une demi ligne comme en G; & l'image du point F paroitra comme en H, EH étant d'une demi ligne; & HI étant égale à GF, l'image du point G paroitra en I. Donc FI excédera FG d'une ligne entiére, lequel excès est facilement discerné d'une distance de 100 piés: donc l'erreur sera toujours moindre que FE égale à une demi ligne; & dans les autres distances à proportion, si on augmente la largeur des signes & leurs intervalles à proportion des distances. On peut encore objecter que les lignes E C & E D étant vuës du point M, l'angle EMC sera plus grand que l'angle EMD, ce qui doit faire paroître EC plus

TAB. XXIII. Fig. 10. TAB XXIII. Fig. 11. TAB. XXII. Fig. 9.

plus grand que E D. A cela on répond que cette différence d'angle est insensible, & que puis que l'œil en M ne doit être élevé qu'environ une ligne au dessus de la surface de l'eau AB, cette élévation n'empêche pas qu'on ne juge à fort peu près de l'égalité de ces lignes. Lorsqu'on fait plusieurs nivellemens de suite, il faut à chaque fois verser l'eau du niveau par un des bouts, qu'on essuiera ensuite exactement avec un linge; car autrement l'eau couleroit hors du niveau, quand on y en verseroit pour faire un second nivellement.

Lors que les distances excédent 30 toises, il faut se servir au lieu de papier, d'un petit ais long de 3 ou 4 piés, & large de 4 ou 5 pouces, sur lequel, si le fonds est noir, on colera, ou on attachera deux bandes de papier blanc larges d'un demi pouce, & d'un intervalle de 4 ou 5 pouces pour servir de signes; & on observera que ces signes soient plus éloignez des extrémitez de l'ais qu'ils ne sont entr'eux, pour faire bien discerner l'image du signe supérieur: ces signes seront parallelles les uns aux autres, & on tirera une ligne noire dans le milieu de l'inférieur, pour marquer le vrai endroit du niveau; il y aura un manche au haut de l'ais pour le tenir plus commodément perpendiculaire à l'horison. Il faut augmenter la largeur & la distance des signes, lors que les distances des points à niveller sont plus grandes. Que si ces distances excédent 400 toises, il faudra se servir d'une perche, au haut & vers le bas de laquelle, on suspendra deux petits ais larges de huit ou dix pouces, & longs d'environ 2 piés, éloignez l'un de l'autre de 8 ou 10 piés, pour servir de signes; lesquels ais seront blancs ou noirs, selon le fonds qui sera par derriére; & on augmentera la grandeur de ces ais & leurs intervalles, jusques à ce qu'on puisse discerner la réflexion du signe supérieur.

On se perfectionnera par l'usage dans la facilité de se servir de ce niveau; & pour vérifier son exactitude, on choisira une eau dormante d'environ 60 ou 80 toises de longueur; & après avoir élevé le niveau sur le bord de l'eau, en sorte qu'un pendule mis à l'extrémité du niveau trempe dans l'eau, on mésurera la hauteur depuis l'eau dormante jusques à la surface supérieure de l'eau du niveau marquée par un point à l'extrémité du niveau, comme le point X dans la figure septiéme: après on posera un bâton vers l'autre bord de cette eau dormante, en le plantant perpendiculairement ou à peu près; & on fera couler l'ais avec les signes blancs ou noirs le long du bâton, jusques à ce qu'on ait trouvé le point de niveau, comme il a été enseigné ci-dessus: ensuite on mésurera avec le pendule la distance du milieu du signe inférieur jusqu'à l'eau, & si on la trouve à peu près égale à la premiére mésure, on sera assuré de la bonté du niveau.

On peut aussi, faute d'eau dormante, vérifier cette justesse en prenant trois points éloignez l'un de l'autre de 100 ou 120 toises. Car, si on nivelle le premier & le deuxiéme, puis après le deuxiéme & le troi-

troisiéme, & enfin le troisiéme & le premier; & qu'on trouve le même premier point en ce dernier nivellement à 7 ou 8 lignes près; on sera assuré de la bonté du niveau, & du nivellement, du moins si on fait plusieurs semblables expériences : car encore que le nivellement ne fût pas juste, il pourroit arriver que, si dans les deux premiers nivellemens on avoit pris trop haut de 3 ou 4 piés, on prendroit trop bas de 3 ou 4 piés au dernier, & par ce moyen l'une des erreurs récompenseroit l'autre. On connoitra par ces mêmes expériences les défauts des autres niveaux.

Le défaut ordinaire des niveaux qui sont le plus en usage, est, qu'ils ne déterminent pas un point certain; soit qu'on regarde par des fentes, ou par de petits trous, ou le long d'une surface plane; ou qu'on se serve de deux filets tendus horisontalement: lequel défaut procéde de ce que la prunelle de l'œil a quelque largeur, & que l'on ne peut discerner lors que son centre est en une même ligne droite avec deux points visibles.

Le Chorobate décrit par Vitruve en son *huitiéme Livre*, *Chapitre sixiéme*, a encore un autre défaut, qui est, qu'on ne peut juger précisément quand la surface de l'eau est le long de la ligne qui y est marquée; parce que l'eau faisant une concavité près de cette ligne par la seconde Supposition, on ne peut reconnoître l'extrémité supérieure de cette concavité. D'ailleurs, supposant, comme il fait, la longueur du Chorobate de 20 piés, il sera difficile de l'empêcher de se courber par son poids, s'il est peu épais; & s'il l'est beaucoup, il sera incommode à transporter d'un lieu à un autre, & il ne laissera pas de se courber un peu, même la chaleur du Soleil lui fera perdre sa rectitude: en tous lesquels cas il sera sujet à de grandes erreurs, sans celle qui doit arriver lors que les points de mire, c'est à dire les fentes, ou les petits trous au travers desquels on regarde les objets à niveller, ne sont pas en une ligne paralléle à la surface de l'eau. La double équiére dont on se sert ordinairement, semblable à la lettre T, & qui est le même Chorobate décrit par *Vitruve*, lors qu'au lieu d'eau on se sert d'un pendule, a aussi de grands défauts; car il est très-difficile de faire ensorte que la ligne qui est tracée le long de la régle où doit battre le fil du pendule, soit précisément à angles droits sur l'autre régle. Il est encore plus difficile de mettre cette ligne parfaitement perpendiculaire à l'horison; car cela consiste en un point indivisible, de la même sorte qu'on ne peut faire tenir debout une épée par sa pointe sur un miroir bien uni: & quand par hazard on auroit mis cette ligne à plomb, on ne le pourroit connoître qu'à peu près, parce qu'il est impossible de discerner si le centre de l'œil, le fil du pendule, & cette ligne, ou le point qui sera marqué vers son extremité inférieure, sont en un même plan; & s'ils ne sont pas en un même plan, il se fera parallaxe, ce qui empêchera de connoître la juste position de cette ligne. Il y aura encore du du doute si les points de mire sont dans un même plan parallelle au plan de la régle horisontale : outre que le plomb est presque toujours en mouvement, tant à cause du vent, que par celui qu'on lui donne en l'ajustant, qui ne s'arrête de long-tems ; & si le plan de l'autre régle n'est pas perpendiculaire à l'horison, il arrivera, ou que le fil du pendule s'en éloignera trop, ou qu'il s'appuyera contre, & s'arrêtera ailleurs que dans son vrai point, & souvent les vibrations se feront de travers ou en ovale, tant parce que le fil est tors, que par d'autres causes : toutes lesquelles choses empêcheront de connoître la juste situation de ce niveau, quelque exactitude qu'on y puisse apporter ; & si on est peu exact, le nivellement sera fort défectueux.

On trouvera de semblables défauts, à peu près, dans les autres niveaux qui sont en usage. Et il est facile de juger, qu'ils doivent être beaucoup au dessous de la justesse & de la certitude de celui qui est décrit ci-dessus : parce que l'eau se met toujours d'elle-même en un parfait niveau ; que l'angle de réflexion est toujours égal à celui d'incidence ; & qu'on ne manque jamais à discerner, à fort peu près, si les distances de trois lignes parallelles peu éloignées l'une de l'autre, sont égales entr'elles ou non. Que si on ne veut rien donner à l'estime, & qu'on veuille niveller dans une parfaite précision ; on ajoutera à ce niveau des lunettes d'approche, comme il sera enseigné ci-après.

Lors qu'on nivelle à la campagne, il fait ordinairement du vent, qui fait rider le haut de l'eau du niveau, de maniére qu'on ne peut pas discerner nettement l'image du signe supérieur. Pour remédier à ce défaut, il faut couvrir le niveau avec un autre canal un peu plus large & plus long, & creux d'environ un pouce ; & par ce moyen l'eau demeurera calme, & sans rides, si le vent est foible, & qu'il vienne de travers, ou par derriére. On attachera aussi à l'extrémité de cette couverture qui passe au delà du niveau, une feuille de carton, ou autre chose semblable, du côté que vient le vent, s'il est un peu fort, afin qu'il ne se rabatte pas dans le canal. Que si le vent enfiloit directement le canal, on pourra mettre une glace de miroir bien fine un peu au delà de la cire, à travers de laquelle on verra les objets très-distinctement, & on attachera un petit quarré de carton au haut de la couverture, qui descendra un peu plus bas que le haut du verre ; ce qui mettra suffisamment l'eau du niveau à couvert. Mais, parce que les surfaces de ces glaces de miroirs sont rarement bien planes & parallelles, il faudra les éprouver en un lieu où il ne fasse point de vent, & les mettre en sorte qu'on voye au travers la même égalité de distance des signes entr'eux, qu'on voyoit sans le verre. Pour faire cette épreuve juste, il faut faire une renure au fond & aux côtez du niveau un peu au delà de la cire, pour y mettre un petit quadre de fer blanc ou d'autre matiére qui portera le verre, qui doit être rond, & qu'on tournera de tous côtez, jusques à ce qu'il fasse un bon effet ; & on marquera

quera cette ſituation, pour le mettre toujours de même, ou pour l'y affermir. Mais ſi on ne veut pas ſe ſervir de verre dans le doute qu'il pourroit cauſer de l'erreur, on ne nivellera pas droit à l'objet d'où vient le vent, mais on nivellera un autre objet à côté, & enſuite on fera un ſecond nivellement vers l'endroit à niveller; & par ce moyen le vent ne pourra nuire, pourvû qu'il ſoit foible: mais s'il eſt médiocre, il faudra, avant que de mettre l'eau dans le niveau, le poſer ſur un ais plus long d'environ 2 piés, & de 12 ou 15 pouces de largeur; & après avoir tout préparé comme il eſt dit ci-deſſus, on couvrira l'ais & le niveau d'une couverture de bois legers, ſemblable à une caiſſe ſans couvercle, un peu moins longue & large que l'ais, & d'environ un pié de hauteur. On y fera une ouverture quarrée de 3 ou 4 pouces à chaque extrémité, pour pouvoir regarder le long de l'eau les objets à niveller: on pourra même ajuſter quelque petite piéce de cuir ou de toile à l'ouverture du côté de l'œil, qui ſe ſerrera comme une bourſe à l'entour d'un petit tuyau d'environ un pouce de largeur, de maniére que l'œil s'appliquant à ce tuyau pour regarder le long de l'eau, il ne puiſſe entrer de vent de ce côté là. On fera, ſi l'on veut, cette couverture de toile un peu épaiſſe, qu'on ſoutiendra au deſſus du niveau, par le moyen de pluſieurs petits bâtons plantés ſur les bords de l'ais, & élevez perpendiculairement; & par le moyen de ces couvertures le niveau ſera ſuffiſamment à l'abri du vent, pourvû que le vent ne ſoit que médiocre, ou un peu plus que médiocre: car s'il eſt grand & violent, il eſt difficile d'empêcher qu'il ne donne quelque mouvement à l'eau, & il ne faut pas alors entreprendre de niveller.

On peut mettre du vif argent dans le niveau au lieu d'eau, après l'avoir paſſé au travers d'un linge, ou d'une peau de Chamois pour en ôter la craſſe: mais au lieu de cire, il faudra coller ſur le fond du niveau un petit filet de bois d'une ligne de hauteur, pour empêcher le vif argent de couler; & on aura cet avantage, que le vent ne fera pas ſi facilement rider ſa ſurface, & qu'il repréſentera mieux l'image du ſigne ſupérieur; & pour empêcher qu'il ne ſe perde en coulant hors du niveau, (car il faut être bien exact pour l'empêcher) on ſuſpendra vers ſes extrémitez de petits vaiſſeaux de bois pour le recevoir.

Dans les grandes diſtances, comme de 1000 toiſes & au delà, l'extrémité de la tangente qui eſt dans le plan de niveau, eſt ſenſiblement plus éloignée du centre de la terre que le point où elle touche le milieu de l'eau du niveau, comme on peut voir par la 4e. figure, où G D eſt la tangente, & G le point d'attouchement. Pour calculer cette différence, qui n'eſt autre choſe que R D, différence du rayon A R, & de la ſécante A D; il faut reduire en piés le demi diamétre de la terre, & à ſon quarré ajouter le quarré de la diſtance à niveller reduite auſſi en piés, & de la ſomme tirer la racine quarrée, de laquelle étant ôté le demi diamétre de la terre, le reſte ſera cette différence préciſément.

TAB. XXII. Fig. 4.

ment. Pour abréger ce calcul, après avoir trouvé le quarré de la distance nivellée, il faut le divifer par 40000000 piés, qu'on fuppofe être le diamétre entier de la terre, & le quotient fera la différence requife à fort peu près; comme, fi la diftance eft de 5000 piés, fon quarré eft 25000000, lequel étant divifé par 40000000, donne pour quotient ⅝ de pié ou 90 lignes, qui eft la différence requife.

Ce calcul eft fondé fur la 36. du troifieme d'*Euclide*, excepté qu'on ne confidére pas le petit quarré de ⅝ favoir 25/64 comme de peu d'importance à l'égard de 25000000.

Il faut remarquer que fi on augmente la diftance des points à niveller par intervalles égaux, comme 500 piés, 1000 piés, 1500 piés, 2000 piés, &c. jufques à 5 ou 6 lieuës, les différences des fécantes & du rayon augmenteront à fort peu près comme les quarrez des nombres de fuites 1, 2, 3, 4, &c. ce qu'on peu connoître dans les tables des Sinus. Comme, fi la diftance de 500 piés donne de différence une ligne, celle de 1000 piés donnera 4 lignes, celle de 1500 piés 9 lignes; &c. Et parce que la grandeur du diamétre de la terre eft environ 40000000 piés, une lieuë donnera 5 piés 8 pouces quelques lignes, 2 lieuës le quadruple de ces 5 piés 8 pouces, &c. ce que plufieurs qui fe mêlent de niveller ne confidérent nullement.

Il eft encore néceffaire de favoir que dans les grandes diftances un même objet paroît de différentes hauteurs par les refractions, & change prefqu'à toutes les heures du jour; c'eft à dire, que s'il eft le matin au lever du Soleil en une même ligne droite avec un objet peu éloigné, il paroitra plus bas une heure après le Soleil levé, & encore plus bas quand l'air fera plus échauffé; & plus les matinées feront fraîches & l'air ferain, plus les objets éloignez paroitront élevez; & quelques fois les objets qui font à une diftance d'environ 500 pas, paroitront s'élever, & en même tems ceux qui font beaucoup éloignez, s'abaiffer, principalement lors que le Soleil luit, comme on a reconnu par plufieurs obfervations faites en divers lieux, & en diverfes faifons, même à l'égard des objets moins élevez que l'obfervateur, ou d'égale élévation; & on a remarqué quelquefois, qu'un objet qui avoit paru à midi plus bas que le plan de niveau, paroiffoit le lendemain matin plus de 20 piés plus haut que ce plan, en une diftance d'environ 2 lieuës. D'où il s'enfuit que le plus feur moyen pour bien niveller de grandes diftances, eft de faire le nivellement à plufieurs fois: Comme, fi A B eft d'une diftance d'une lieuë à niveller, il faudra niveller plufieurs de fes parties de fuite, comme A C, puis C D, puis D E, & enfuite EF, FG, GH, & enfin HB. Que s'il y a des vallées entre deux, ou des eaux, ou des bois qui empêchent ces petits nivellemens, & que l'on foit obligé de niveller à une fois, ou que par curiofité on veuille niveller des objets à une diftance d'une ou deux lieuës, ou davantage, il faut qu'il y ait un niveleur à chaque extrémité, comme en A & B, TAB. XXIII. Fig. 12. TAB. XXIII. & Fig. 13.

& qu'ils nivellent de l'un à l'autre en même tems lors que le Soleil est couvert de nuées; & s'ils trouvent la même différence excédante, ou défaillante, les deux lieux seront de niveau entr'eux, comme aussi si on les trouve réciproquement dans le plan de niveau : mais si l'une des différences est en dessus, & l'autre en dessous, comme si B paroît au nivelleur en A plus haut que le niveau, & A plus bas que le niveau au nivelleur en B; il faut ajouter les deux différences ensemble, soit qu'elles soient égales, ou inégales, & la moitié de la somme sera la différence du niveau des deux lieux A & B: que si toutes deux sont plus hautes, ou plus basses, inégalement, la moitié de leur différence sera la vraië différence de niveau, quelle que soit la grandeur de la terre, & quelle que puisse être la réfraction au tems du nivellement, laquelle on suppose être réciproque, ou la même aux deux nivelleurs en A & B, lors que le tems est sombre, & que le soleil n'éclaire aucun des objets à niveller, ni ce qui est entre deux.

DÉMONSTRATION.

TAB. XXIII. Fig. 14. A & C sont supposez être de niveau entr'eux: A & B sont les points à niveller : & CB étant perpendiculaire à AC, & parallelle & égale à AE; soit continuée AE de part & d'autre en F & H, ensorte que EF soit égale à AE, & AH à CG ajoutée directement à CB. Or, si la réfraction éléve autant l'apparence des objets éloignez, que la tangente s'éléve par dessus ces objets; C paroitra au nivelleur en A dans le plan de niveau, & B lui paroitra au dessous de ce plan, de la distance CB, qui est la véritable; & par la même raison E, qui est de niveau avec B, paroitra au nivelleur en B, dans le plan de niveau, & A lui paroitra plus haut de sa vraië hauteur EA ou BC : Donc la somme de ces deux différences, dont l'une est en dessous & l'autre en dessus, sera égale à deux fois BC, & par conséquent la moitié sera BC, vraië différence de niveau des deux points A & B. Que si la réfraction éléve moins, par exemple de deux piés; B paroitra plus bas de deux piés que la distance CB au nivelleur en A, & par conséquent la différence de niveau sera CB plus deux piés en dessous : Mais en récompense A paroitra au nivelleur en B deux piés moins haut que la distance EA : Donc la somme de ces deux différences de niveau sera double de BC. Le même arrivera si la réfraction éléve plus l'apparence de C que la tangente ne s'éléve par dessus : Car, soit l'excès BD de trois piés; donc B paroitra au nivelleur en A moins bas de trois piés que la distance CB: Mais en récompense A paroitra au nivelleur en B plus haut de trois piés que la distance EA ou BC: Donc la somme de ces différences apparentes sera toujours double de BC. Que si la réfraction éléve tant, que B paroisse aussi haut que le niveau; alors, si AEF est double de AE, F paroitra aussi au nivelleur en B dans le plan

de

de niveau, & A paroitra plus haut que B de toute la distance F A double de BC. Et si la réfraction éléve encore plus, ensorte que BC étant continué en G, paroisse plus haut que le niveau A C, de la distance CG, A paroitra d'autant plus haut; & si A H est égale à CG, A paroitra au nivelleur en B au dessus de son plan de niveau de toute la distance FH: Donc, si suivant la régle ci-dessus on ôte CG, c'est à dire A H de F H, (car les différences apparentes de niveau seront toutes deux en dessus) le reste sera encore FA double de B C. Que si la réfraction est si petite, & la distance AB si grande, que A paroisse de niveau au nivelleur en B, ou même au dessous du niveau, on prouvera par les mêmes raisons, qu'au premier cas B paroitra au nivelleur en A, au dessous de son plan de niveau d'une distance double de BC; & qu'au deuxiéme cas, si on ôte la différence apparente du point A de l'autre différence, à cause qu'elles seront toutes deux en dessous, le reste sera encore double de BC, & par conséquent en tous ces cas la moitié BC, suivant la régle ci-dessus, sera la vraië différence de niveau; ce qui étoit à prouver. Si donc B est trouvé, par exemple, 4 piés plus bas que A au nivelleur étant en A, & A plus haut de 18 piés que B au nivelleur en B; il faut de la somme 22 prendre la moitié 11, & ce sera la vraië différence de niveau B C. Mais, si à cause de la grande réfraction B paroît plus haut de 2 piés que A au nivelleur en A, & A plus haut de 20 piés que B au nivelleur en B, faisant l'observation en même tems, comme il a été enseigné ci-dessus; 9 piés, moitié de leur différence 18, sera B C différence réelle de niveau des deux points A & B. On fera un semblable calcul, si les différences sont toutes deux en dessous, & l'on prouvera facilement que lors que A & B sont en même niveau, on trouvera toujours les mêmes différences de même part.

Mais, parce qu'on a de la peine à discerner les objets qui doivent servir de signes, quand ils sont éloignez d'une ou deux lieuës, & même de 200 ou 300 toises; & que les signes devant être alors beaucoup éloignez l'un de l'autre, il est plus difficile de bien discerner l'égalité de leurs distances que quand ils sont à cinq ou six pouces: on pourra se servir d'une lunette d'approche, par le moyen de laquelle on déterminera parfaitement le point de niveau dans ces distances éloignées; ce qu'on fera en cette sorte.

Il faut donner à l'objectif le plus qu'on pourra de largeur horizontale, afin que les images des objets réfléchis sur l'eau du niveau, soient plus visibles, & peu de verticale; & au lieu de 2 signes blancs, il en faut mettre 3 d'égale largeur, en égales distances, dont l'inférieur ait quelques traits noirs de haut en bas, & n'occupe pas toute la largeur de l'ais, pour le distinguer des autres. On mettra l'objectif de la lunette fort près de la cire, en sorte que son centre soit élevé environ une ligne plus haut que la surface de l'eau: il y aura un petit creux au bout du canal, à un demi pouce de la cire, pour loger l'extrémité de la lunette; & on fera ce creux en talut, & long de 5 ou 6 pouces, pour la mettre facilement, en l'avançant, ou reculant, en la situation la plus commode pour discerner l'image du signe supérieur. La lunette étant bien ajustée, si on regarde les 3 signes à travers, & qu'on fasse hausser & baisser l'ais jusqu'à ce que l'image du signe supérieur couvre précisément à l'œil le signe inférieur marqué de petits traits noirs, la ligne tracée dans le milieu du deuxiéme signe sera dans le plan de niveau, ou du moins y aura son apparence; ce qui se prouve en cette sorte.

TAB. XXIII. Fig. 15. Soient C & D deux points également éloignez du point E, & NO la section perpendiculaire de l'objectif de la lunette passant par son centre P, lequel centre, comme il a été dit, doit être élevé plus haut que la surface supérieure de l'eau AB : soit tirée la droite DB, & continuée jusques à ce qu'elle rencontre NO un peu plus haut que P, comme en R. Il est manifeste que les rayons du point D, qui est le signe inférieur, tomberont tous sur l'objectif au dessus de R, comme le rayon DS; & que si on tire DAQ coupant NO en Q, les rayons réfléchis du point C sur AB tomberont entre R & Q sur l'objectif : car un rayon comme CM, se réfléchissant en MP, P sera en la ligne droite DMP, par les régles de la Catoptrique: donc tous les rayons réfléchis feront le même effet sur la lunette, que s'ils venoient du point D; & par conséquent l'image du point C & le point D ne paroitront à l'œil qu'un même point, & se couvriront l'un l'autre précisement, quoique leurs rayons tombent en divers endroits de la lunette: ce qui n'arrivera que lors que le point E sera dans le plan de niveau qui touche la surface de l'eau; ce qui étoit à prouver.

Il est aisé à juger que plus le niveau sera long, & les points C & D distants du point E, plus il tombera de rayons réfléchis du point C sur l'objectif, & moins de ceux du point D : ce qui servira à régler l'ouverture de l'objectif & la situation de la lunette selon sa grandeur & celle du niveau.

Il faut remarquer que, si l'oculaire de la lunette est convexe, le signe inférieur paroitra le plus haut des trois; & si l'image du supérieur paroît encore plus haute, il faudra faire baisser l'ais; & si elle paroît plus basse, il le faudra faire élever. Pour éviter la confusion des signes, on pourra ôter celui du milieu; & lors que l'image du supérieur paroîtra couvrir l'inférieur, le milieu entre les deux signes sera dans le plan de niveau : on pourra marquer ce milieu par une ligne parallelle aux signes.

Lorsque le signe supérieur est beaucoup éloigné de l'inférieur, on distingue mieux son image; & il n'est pas nécessaire de voir en même tems ce signe, mais il suffit qu'on voye son image couvrir le signe inférieur. Que si l'on ne voit pas cette image, c'est une marque que le signe n'est pas assez élevé, ou que la lunette n'est pas bien placée.

Pour

Pour bien entendre ces choses, il faut supposer que la ligne EA soit continuée jusques à la rencontre de la ligne NO, qui représente le diamétre vertical de l'objectif de la lunette ; & considérer les deux triangles semblables CBE, RBT : car si BE est de deux cens piés, & EC d'un demi-pié, EC ne sera que $\frac{1}{400}$ de la distance BE ; & si l'eau BA est de cinq piés, c'est à dire, de sept cens vingt lignes, & AT de quatre-vingts lignes, la toute BT sera de huit cens lignes, & par conséquent TR sera de deux lignes, parce qu'elle doit être $\frac{1}{400}$ de la longueur BT ; & si on tire le rayon CA, & que la réflexion soit au point Q, TQ sera $\frac{1}{7}$ de ligne, & par conséquent QR aura deux lignes de longueur moins $\frac{1}{7}$. D'ou il s'ensuit, que si on met l'œil au lieu de l'objectif de la lunette, & que la prunelle, c'est à dire, l'ouverture de l'Uvée par où la lumiére passe dans l'œil, ne soit pas plus grande qu'une ligne & demi ; on verra presque aussi clairement l'image du point C par réflexion, que directement, parce que quand la lumiére tombe sur l'eau fort obliquement, elle se réfléchit presque toute entiére : mais si la prunelle de celui qui nivelle est de deux lignes de largeur, ou plus, il ne verra pas si clairement ce point par réflexion ; & à plus forte raison si la hauteur EC étoit beaucoup moindre que six pouces, & l'eau du niveau moins longue que cinq piés. Les signes mêmes se confondent quand ils sont trop proches l'un de l'autre : car deux signes blancs sur un fond noir distans entre eux d'environ un pouce, ne paroitront que comme un seul signe, si on les regarde d'une distance de plus de vingt toises. Ceux qui ont l'ouverture de la prunelle plus large que deux lignes, trouveront par expérience, que si le niveau n'est que de deux piés & demi de longueur, & que les deux signes blancs soient seulement à deux ou trois pouces l'un de l'autre, & éloignez du niveau de deux cens piés, ils ne pourront que très difficilement discerner l'image du signe supérieur, & encore moins si les signes sont noirs sur un fond blanc ; parce que les rayons réfléchis de chaque point de ce signe n'occuperont, selon le calcul ci-dessus, qu'environ le quart du diamétre vertical de la prunelle, ce qui ne suffit pas pour faire une impression assez forte sur les nerfs de la vision ; & c'est par cette raison qu'on ne voit pas par réflexion les objets qui sont fort peu élevez au dessus de l'eau du niveau. Le même défaut arrivera si on se sert d'une lunette d'approche : Car, si *no*, dans cette figure, représente le diamétre de l'ob-

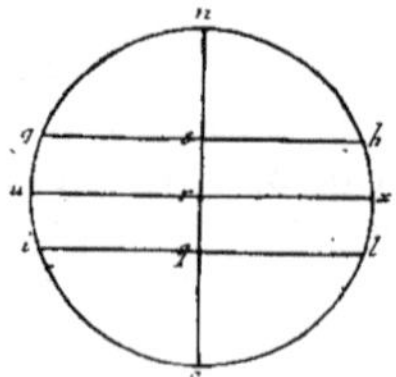

jectif

TAB. XXIII. jectif NO de la figure quinziéme, & le cercle *ngoh* l'objectif entier, dont le seul espace *gilh* soit découvert; la partie de la ligne verticale *sq* où tomberont tous les rayons réfléchis du signe supérieur, sera moindre qu'une demi ligne; & quoique l'ouverture ait toute sa largeur horisontale *urx*, comme on le voit en la figure, l'image du signe supérieur paroitra fort foiblement, ou point du tout. Mais si EC est de cinq ou six pouces, & AB de quatre ou cinq piés, on la discernera fort bien, pourvû que *qr* soit d'environ deux lignes, & *ux* d'un pouce, ou plus, si la lunette est de deux ou trois piés de longueur: car en faisant descendre l'objectif peu à peu le long du talut, qui doit être à l'extrémité du niveau, comme il a été dit, il arrivera enfin que tous les rayons réfléchis du signe supérieur tomberont sur l'espace *uilx* de deux lignes de hauteur, & le rempliront presque entiérement, ce qui suffira pour faire voir clairement son image; & parce qu'alors les rayons directs du signe inférieur tomberont sur l'espace *uxhg*, qu'on suppose aussi de deux lignes de hauteur, il sera vû un peu mieux que cette image; ce qui est nécessaire, afin de les pouvoir distinguer.

Il est évident que si on baisse un peu plus l'objectif le long du talut, il restera moins d'ouverture pour les rayons du signe inférieur, & qu'il pourra paroître moins clair que l'image du supérieur; & que si on le hausse un peu plus, on aura de la peine à discerner cette image. En tous ces nivellemens, il faut avoir soin de bien couvrir l'eau du niveau, afin qu'il n'y tombe point de saletez, car elles nuiroient beaucoup à la réflexion des rayons.

On peut se servir aussi de lunettes, si on veut, dans les médiocres distances: car on déterminera plus précisément le vrai niveau, & on ne donnera rien à l'estime. Que si on vouloit niveller à de grandes distances, ou que l'on n'eût pas de signes qui pûssent être haussez & baissez; il faudra ajuster à l'extrémité d'un petit tuyau, qu'on mettra dans celui qui porte l'oculaire convexe, trois petits filets ou cheveux en égale distance, & parallelles entr'eux, éloignez l'un de l'autre d'environ deux lignes, & faire ensorte qu'ils soient placez dans le foyer intérieur de l'oculaire, parallelles à horizon. Ensuite on choisira un objet fort visible plus haut que le niveau, comme le bord de l'horizon sensible, ou le sommet d'un arbre, ou une partie remarquable de quelque autre chose élevée, pour servir de signe supérieur: & si en regardant par la lunette on voit ce signe & son image dans l'eau couverts par les deux filets extrêmes, le point d'un objet qui sera couvert par le filet du milieu, aura son apparence dans le plan de niveau; mais il faut que la lunette demeure immobile après avoir été bien placée, afin qu'on puisse faire ce discernement. Il faut aussi qu'on puisse, par le moyen d'une petite machine, ou autrement, approcher ou reculer également les filets extrêmes de celui du milieu, afin que leur distance soit juste, pour couvrir précisément l'objet qu'on prend pour signe supérieur, & son image.

On

On peut toutefois, pour éviter la peine de remuër les filets, juger par l'estime, si les filets extrêmes sont également éloignez du bord de l'horizon & de son image; ce qui fera le même à peu près, que s'ils les couvroient précisément.

Il arrive souvent que les objets qui sont au dessous du niveau, sont fort clairs; ce qui empêche de discerner l'image du signe supérieur: Mais on évitera ce défaut, si on baisse l'objectif de la lunette le long du talut, jusqu'à ce que la ligne *u r x* soit presque à fleur de l'eau du niveau; parce qu'alors l'ouverture *g i l h* ne recevra point de rayons des objets qui seront vers le point D, & au dessus, jusques à ceux qui seront fort près du point E. On apprendra par l'usage la façon la plus commode pour se bien servir des lunettes, & de quelle grandeur elles devront être; mais lors qu'on les employe, il ne faut point se servir de verre pour empêcher le vent, car il pourroit faire de fausses réfractions. TAB. XXIII. Fig. 15.

REGLES QU'IL FAUT OBSERVER POUR LES DIFFERENS LIEUX A NIVELLER.

SI on veut mettre de niveau une allée de jardin ou une longue gallerie, il faut placer le niveau au milieu de la longueur sur quelque ais un peu élevé, & trouver deux points en même niveau aux deux extrémitez, comme il a été enseigné. Ensuite on prendra la distance depuis le point X (qui marque au bout du niveau, en la figure 7, la hauteur de la surface de l'eau) jusques à un piquet au dessous, qui soit à la hauteur où l'on veut élever l'allée; à laquelle distance on en prendra d'égales, depuis les deux points trouvez de niveau jusques à des piquets qu'on plantera au dessous. On mettra encore de la même maniére d'autres piquets entre-deux, si l'allée est bien longue; & par le moyen de ces piquets on mettra tout le reste de niveau. Que si c'est une table qu'on veuille poser de niveau, la meilleure façon est de verser de l'eau doucement au milieu, jusques à ce qu'elle paroisse couler également de tous côtez; & alors elle sera de niveau, du moins à fort peu près: car il sera tout aussi difficile de la mettre dans un parfait niveau, que de faire tenir une épée debout par sa pointe sur une glace de miroir. TAB. XXII.

Si on veut niveller deçà & delà d'une éminence à la campagne, il faut avoir une pique ou une grande régle, ou deux tuyaux de fer blanc, qui entrent l'un dans l'autre comme ceux des grandes lunettes d'approche, & mettre au haut les signes; & après avoir placé le niveau au haut de l'éminence, on fera éloigner celui qui portera les signes, plus ou moins ſelon que la pente ſera roide, juſques à ce qu'on connoiſſe, en obſervant ce qui a été dit ci-deſſus, que le milieu du ſigne inférieur (lors qu'il n'y en a que deux) ſoit à la même hauteur que l'eau du niveau : alors on méſurera la diſtance depuis le point X juſques à une pierre qu'on mettra au deſſous, & on ira prendre la même diſtance depuis la pierre où eſt poſée la pique ou le tuyau ; & le ſurplus, juſques à la ligne qui ſera tracée au milieu du ſecond ſigne, ſera la différence de niveau de ces deux premiéres ſtations. On écrira cette différence & celles des autres ſtations, juſques au point requis à niveller. On fera de même de l'autre part de l'éminence ; & ajoutant enſemble toutes les différences des ſtations de chaque côté, on connoitra par la différence des deux ſommes la différence de niveau des deux points. On peut hauſſer & baiſſer l'ais où ſeront les ſignes, par le moyen d'une petite poulie attachée au haut de la grande régle, ou par quelques autres moyens qu'on trouvera les plus commodes.

TAB. XXII. Pour mettre de niveau quelque grande ſalle, il faut ſe ſervir de la figure 6, collée ſur un petit ais, qu'on élévera ou baiſſera peu à peu, juſques à ce qu'on ait trouvé un point à même hauteur que l'eau du niveau placé au milieu de la ſalle. On trouvera un autre point de même de l'autre part, & on prendra une méſure égale depuis ces deux points juſqu'à 2 pavez qu'on ajuſtera au deſſous. On placera encore 2 ou 3 autres pavez en d'autres endroits à même hauteur, après avoir tourné le niveau vers les autres côtez de la ſalle ; ce qui ſuffira pour ajuſter le reſte. On peut même poſer le milieu du niveau, & l'affermir ſur un genou de bois ou de cuivre, par le moyen duquel on le tournera en rond toujours à même hauteur ; & on prendra par ce moyen tant de points qu'on voudra à même niveau.

Si on veut niveller une pente de montagne très-roide, il faut avoir un canal étroit, & long de 15 ou 16 piés, & le mettre de niveau par le moyen de l'eau qu'on y verſera, l'appuyant pour le faire tenir horizontalement. On prendra la hauteur depuis le pié de la montagne juſques à ce canal. Enſuite on poſera le bâton qui ſert à méſurer, à l'endroit de la pente où l'un des bouts du canal étoit poſé ; & on poſera le canal plus loin, & plus haut, le mettant encore de niveau, & méſurant de même ; & ainſi on ira, comme par degrez, juſques au haut de la montagne, où juſques à ce que la pente ne ſoit plus ſi roide, & qu'on puiſſe employer l'autre niveau. Au lieu de canal, on peut ſe ſervir d'une longue régle, & y appliquer un petit niveau de bois au milieu, ſemblable à ceux dont ſe ſervent les Maçons & les Charpentiers, pour connoître quand elle ſera poſée horizontalement.

Lors que par curioſité on veut niveller dans la derniére exactitude poſſible, à une ſeule fois, deux tours, ou deux montagnes, ou choſes ſemblables, éloignées l'une de l'autre d'une ou deux lieuës ; il faut qu'il y ait un nivelleur en chaque endroit, & que chacun d'eux ait 2 ou 3 ou 3 ſignes blancs, de grandeurs & de diſtances ſuffiſantes, qu'on fera couler ſur un fonds noir, ſoit de toile peinte, ou de telle autre matiére qu'on trouvera plus commode. Ils choiſiront un tems que le Soleil ſoit couvert de nuées, & que l'air ne ſoit pas trop froid, ou trop chaud, & qu'il ne ſoit pas trop rempli d'exhalaiſons ondoyantes. Il faut auſſi qu'ils conviennent des ſignes qu'ils ſe feront pour niveller en même tems, & pour ſavoir quand il faudra hauſſer ou baiſſer les ſignes qui marquent le niveau, leſquels ils verront reſpectivement par le moyen de bonnes lunettes d'approche de 6 ou 7 piés de longueur: & après avoir remarqué à peu près où chacun d'eux doit poſer ſon niveau, & qu'enſuite ils auront fait hauſſer ou baiſſer leurs ſignes juſques à ce qu'ils ſoient bien placez, ils ſe feront connoître reſpectivement de combien de piés la ſurface de l'eau de leurs niveaux ſera plus haute ou plus baſſe que la ligne tirée dans le ſigne du milieu qui eſt de leur côté, & ils s'ajuſteront enſuite de maniéré qu'ils puiſſent trouver chacun la même différence; ce qui ſera facile en obſervant les régles ci-deſſus. Comme, ſi l'un ſe trouve 8 piés plus haut que le niveau de l'autre, & que l'autre ne trouve que 4 piés, il faudra que ce dernier hauſſe ſon niveau de 2 piés, ou que l'autre baiſſe le ſien d'autant, & ils trouveront en nivellant de nouveau une même différence de 6 piés. Si on pratique bien cette méthode, on pourra s'aſſurer que l'eau des deux niveaux eſt également diſtante du centre de la terre, & que les points qu'on marquera à cette hauteur ſeront de niveau entr'eux; & on pourra avoir le plaiſir de remarquer à diverſes heures du jour de combien chacun de ces lieux qu'on aura marquez, paroitra élevé, ou abaiſſé par les différentes réfractions, ou même s'il n'y aura point de petites différences entre les deux niveaux, lors que le Soleil luira, à cauſe que les réfractions ſont alors fort irréguliéres, & qu'un même rayon peut être rompu pluſieurs fois en divers ſens avant que d'arriver à l'œil. Comme, ſi l'objet eſt en A, & l'œil au deſſus d'une tour en B, & une éminence de terre entre deux en E où luiſe le Soleil, le rayon A D ſe pourra rompre en D G, rencontrant un air plus épais en D qu'en A; & s'il rencontre vers le point G un air fort chaud à cauſe des exhalaiſons qui s'élévent au deſſus de E, il pourra remonter vers F, & derechef deſcendre vers B; & ce rayon F B étant continué directement vers C, fera paroître l'objet A en C, au lieu que l'œil étant en F le pourroit voir en H par la ligne F G H. Mais il eſt fort vrai-ſemblable, que lors que le Soleil ne luit point, & que deux objets ſont en même hauteur, c'eſt à dire en même niveau, comme A & B en la figure 13ᵉ, l'œil en B verra l'objet en A auſſi élevé par la refraction, comme l'œil en A verra l'objet en B; ce qu'il faudra vérifier par pluſieurs expériences. Les plus aſſurées ſeront celles qu'on fera par le moyen d'un lac, ou d'un grand étang: car ils ſerviront, lors que l'eau eſt calme, à prendre deux points éloignez l'un de l'autre de 2000 ou

TAB. XXIII. *Fig. 16.*

TAB. XXIII. *Fig. 13.*

3000 toises, & également distans du centre de la terre; & on pourra observer si quelquefois, lors que le Soleil luit, & qu'il fait trés-grand chaud, la réfraction n'abaisse pas l'objet au lieu de l'élever; & si lors que le Ciel est couvert de nuées, les deux points paroissent aux deux nivelleurs en même tems toujours également élevez.

On peut se servir d'un autre instrument très-exact pour niveller. Il faut avoir un petit vaisseau beaucoup plus long que large, qu'on remplira d'eau jusques à une hauteur suffisante; & dans ce vaisseau on posera un petit bateau de fer blanc ou de cuivre, qui soit de même longueur & largeur à peu près que le vaisseau. Au haut de ce petit bateau, vers les extrémitez, on ajoutera des verres de lunettes, sans se mettre en peine si l'axe de la lunette est précisément parallelle à la surface de l'eau. Ensuite on partagera en deux également la distance à niveller; & on y placera la petite machine, empêchant que le vent ne fasse mouvoir le petit bateau; & lors qu'il sera arrêté, on remarquera vers un des lieux à niveller, le point où répondra le fil qu'on aura placé au centre du foyer de l'oculaire; puis on tournera le vaisseau avec son petit bateau flotant, par quelque moyen facile, & on attendra que la lunette soit arrêtée presqu'à la même situation que dans la premiére observation. On remarquera de même un point vers l'autre lieu; ce qu'on pourra faire encore 2 ou 3 fois en retournant la machine: & si l'on voit toujours les mêmes points de part & d'autre, on sera très-assuré que ces 2 points seront également éloignez du centre de la terre, puis que le bateau demeure toujous enfoncé de même. Ce niveau n'est sujet à aucune erreur, si ce n'est que le lieu où il est placé, ne soit pas également éloigné des deux points à niveller. Mais quand il y auroit 3 ou 4 toises de différence, sur une distance de 2000 toises, l'erreur sera peu considérable. Comme, si en la figure 17e, CA est la machine, CB une distance de 1000 toises, D le point plus haut de 20 piés que le vrai niveau CB, CE l'autre distance de 1004 toises; on trouvera par le calcul, que l'erreur sera moindre que d'un pouce, & dans les autres distances à proportion. On n'employera cette façon de niveller qu'en des nivellemens bien importans, & en des lieux fermez, comme en de longues galleries, afin qu'il n'y fasse point de vent: & on fera l'observation pendant que le Soleil est couvert de nuées, pour éviter les inégalitez des réfractions; ou, si c'est à la Campagne, on peut se couvrir d'une tente, & faire ensorte que la machine ne soit point agitée par le vent.

TAB. XXIII. Fig. 17.

On peut aussi, avec ce niveau, connoître dans une plaine, si 2 Tours ou 2 Montagnes sont aussi hautes l'une que l'autre, en élevant le bout de la lunette jusques à ce que le fil qui est au centre du foyer de l'oculaire, réponde au sommet de l'une des Tours ou Montagnes; & ensuite tournant la machine vers l'autre, on verra facilement si elle est plus haute, ou plus basse: mais il faut avoir trouvé par la Trigonométrie ou ou autrement, qu'on eſt également éloigné, ou à peu près, des deux points qu'on nivelle, & tourner deux ou trois fois la machine, pour voir ſi on rencontrera toujours les mêmes points.

Si on ne peut ſe mettre au milieu de la diſtance des 2 points à niveller, & qu'on veuille ſe ſervir de ce niveau pour niveller un point éloigné; on trouvera deçà & delà du niveau, en diſtanees égales, 2 points qu'on marquera par 2 lignes horizontales: enſuite on ſe reculera 50 ou 60 pas au delà de la ligne la plus éloignée du point à niveller, & avec une lunette on cherchera à voir ces 2 lignes comme une ſeule ligne, en hauſſant ou baiſſant la lunette ſelon qu'il ſera néceſſaire; & un point éloigné qui ſera couvert à la vûë par ces 2 lignes, ſera dans un même plan de niveau avec elles, ou du moins y aura ſon apparence.

Lorſqu'on veut ſavoir la différence de niveau de 2 ſommets de montagnes, ou d'autres objets éloignez l'un de l'autre de 5 ou 6 lieuës, & diſpoſez enſorte qu'ils bornent l'horizon ſenſible l'un de l'autre, & que les rayons viſuels qui vont de l'un à l'autre, raſent quelques éminences couvertes de bois, ou qui ſont de difficile accès, ce qui empêche de ſe pouvoir ſervir des niveaux ci-deſſus; il faut avoir en chaque lieu un quart de cercle comme ceux avec leſquels les Aſtronomes prennent les hauteurs des Aſtres par le moyen des lunettes d'approche qui ſervent de pinules; & après les avoir rectifiez comme il ſera enſeigné ci-après, on prendra reſpectivement la différence de hauteur apparente de ces objets à l'égard de la tangente horizontale, ſoit qu'ils ſoient vûs au deſſus, ou au deſſous de cette tangente; & après qu'on aura ſû au plus près qu'on pourra, la diſtance de ces 2 objets, par la Trigonométrie, ou autrement, on calculera cette différence de hauteur par la Trigonométrie. Comme, ſi l'un de ces objets paroiſſoit élevé par deſſus le plan horizontal de l'autre, de 12 minutes, & que leur diſtance fut de de 12000 toiſes; on cherchera par les Tables des ſinus, le ſinus de 12 minutes, qu'on trouvera être 349, le rayon entier étant 100000; & aux trois nombres 100000, 12000, & 349, on trouvera le 4e. proportionel 41 $\frac{44}{50}$ toiſes, qui ſera l'élévation de cet objet au deſſus de la tangente. On fera de même pour l'autre objet; & par le calcul enſeigné ci-deſſus on connoitra la vraië différence de niveau des 2 objets entr'eux: Comme, ſi l'autre étoit trouvé plus bas de 30 toiſes que la tangente horizontale, on prendra la moitié de 71 $\frac{44}{50}$ toiſes, ſomme des deux différences; & cette moitié, ſavoir 35 $\frac{47}{50}$ toiſes, ſera la vraië différence de niveau des 2 objets, du moins à peu près, ſi on fait bien prendre les hauteurs: car ſi on eſt très-exact, & que le quart de cercle ſoit bien diviſé & rectifié, l'erreur ſera peu conſidérable; mais on ne pourra jamais être aſſuré que ce nivellement ſoit dans une parfaite juſteſſe.

Pour bien rectifier un quart de cercle à lunettes, on fera ce qui s'enſuit. La diviſion des degrez & minutes, &c. étant bien faite, on fe-

ra battre le fil du pendule sur le commencement de la division le plus exactement qu'on pourra. Ensuite on arrêtera l'objectif de la lunette à l'extrémité d'un des côtez du quart de cercle vers l'angle droit, & on placera auprès du quart de cercle un niveau comme celui qui est dé-
TAB. XXII. crit en la 7e. figure, de maniére que la surface de l'eau soit aussi haute que le centre de l'objectif sur le quart de cercle. Et après avoir nivelé très-exactement une ligne noire à une distance de 40 ou 50 toises ou plus, si l'on veut, par le moyen d'une lunette, comme il a été enseigné ci-dessus; on ajustera l'oculaire de la lunette du quart de cercle, sans remuër le quart de cercle, ensorte que le filet qui sera placé au centre de son foyer intérieur, couvre précisément cette ligne noire à la vûë; & alors on sera assuré, si les verres sont bien arrêtez en cette situation, que l'axe de la Lunette sera placé horizontalement, & que le quart de cercle sera bien rectifié, & propre à prendre exactement des hauteurs. Mais, parce qu'en transportant ces quarts de cercle, qui sont fort pesans, on peut craindre qu'ils ne se soient faussez, ou que les verres n'ayent changé de situation; on les pourra rectifier de nouveau, lors qu'on les voudra employer dans le nivellement. Si en ces nouvelles rectifications on ne veut pas changer la situation des verres de la lunette, on peut mettre le niveau selon sa longueur au devant de l'objectif, & l'élever ensorte que la surface de l'eau soit à même hauteur que l'axe de la lunette. Après on choisira un objet éloigné fort visible, & qui soit un peu plus haut que le niveau de l'eau, & on tournera le quart de cercle jusqu'à ce que regardant par la lunette, on voye l'image de quelque point de l'objet couvert par le fil qui est au foyer de l'oculaire; & après avoir remarqué le point où bat le fil du pendule étant arrêté, on haussera un peu le devant de la lunette, en tournant le quart de cercle jusqu'à-ce qu'on voye directement l'objet, & que le même fil en couvre le même point; & après avoir laissé arrêter le fil du pendule, & remarqué le point de la graduation, le point qui sera également entre ces derniers points & le premier, sera celui où doit batre le pendule, lors que l'axe de la lunette est parallelle à l'horizon: & si ce n'est pas le premier point de la division du quart de cercle, il faudra en remarquer la différence en minutes & secondes, afin qu'on y ait égard en prenant les hauteurs des Astres ou des autres objets dont on veut savoir l'élévation. Pour empêcher que le vent ne nuise au pendule, on le couvre d'un demi-tuyau de fer blanc en toute sa longueur, horsmis vers l'endroit qui couvre la graduation, où l'on applique une glace de verre fort transparente, & qui ne fait point de fausses réfractions. On peut même faire tremper le plomb du pendule dans un petit vaisseau plein d'eau, afin d'arrêter plutôt ses batemens. Par ces moyens, & par les autres qui ont été enseignez ci-dessus, on pourra trouver le niveau de tous les lieux accessibles ou inaccessibles, pourvû qu'ils ne soient pas éloignez de plus de 5 ou 6 lieuës.

FIN.

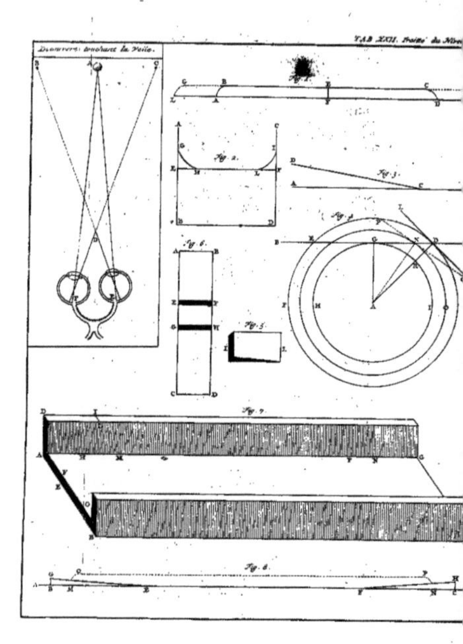
TAB XXII. Traitté du Niv
Decouverte touchant la Veüe.
Fig. 1.
Fig. 2.
Fig. 3.
Fig. 4.
Fig. 5.
Fig. 6.
Fig. 7.
Fig. 8.

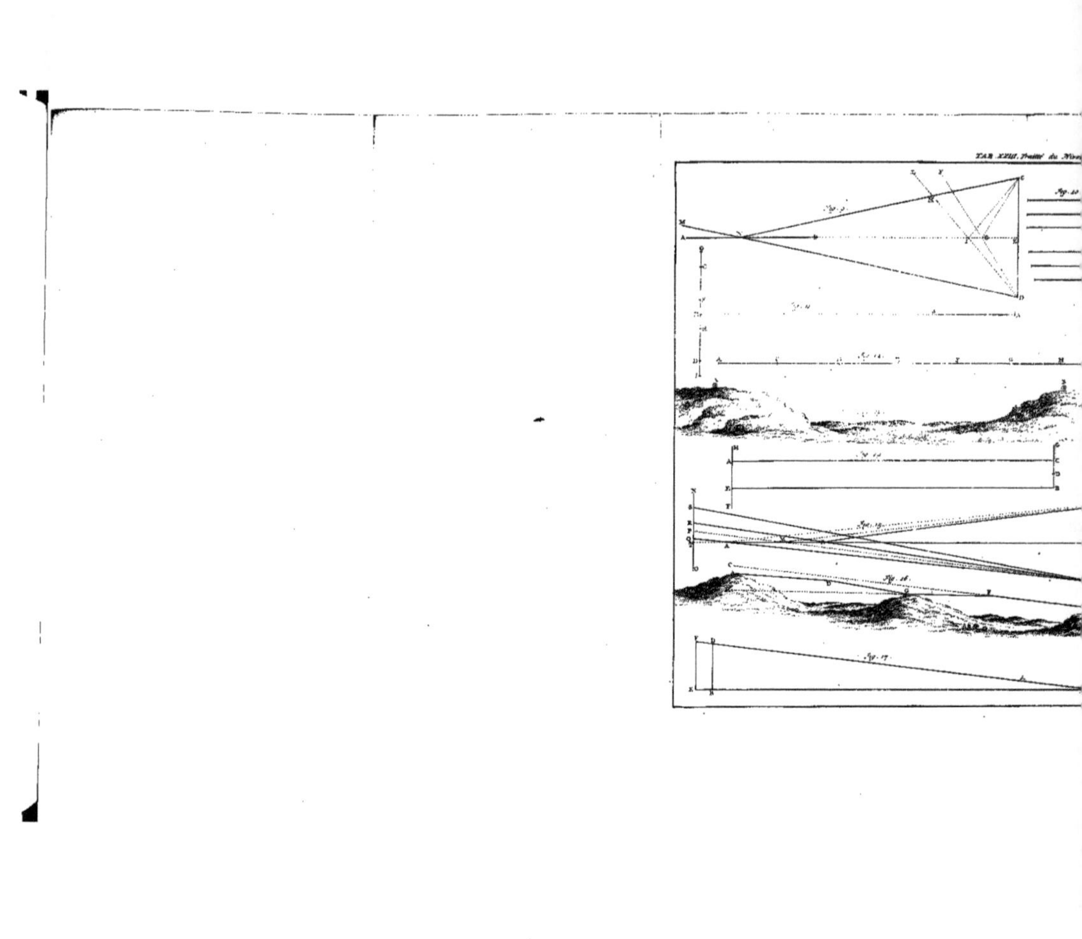
TAB. XXIII. Traitté du Nive

TRAITÉ
DU
MOUVEMENT
DES
PENDULES,

Par Mr. MARIOTTE;
de l'Académie Royale des Sciences.

Imprimé pour la premiére fois fur le Manufcrit original de l'Auteur.

LETTRE
DE
MONSIEUR MARIOTTE,

Ecrite de Dijon le 1. Fevrier 1668.

à

MONSIEUR HUYGENS

Touchant le Traité qui suit.

J'*Ai crû que vous aggréeriez que je vous fisse part de quelques démonstrations que j'ai trouvées sur le Mouvement des pendules & des choses pesantes qui tombent vers le Centre. J'avois fait autrefois quelques petits Ecrits pour rendre raison pourquoi les Cordes de Lut impriment leur mouvement dans celles qui leur sont en unisson & en octave, lesquels je lûs dans l'Assemblée. Mais vous m'avertîtes que* Galilée *avoit dit la même chose ; ce qui m'a donné la curiosité de le lire depuis quelque tems ; & j'ai trouvé en effet que ses pensées étoient tellement conformes aux miennes sur ce sujet, que vous pouviez croire avec beaucoup de raison que j'avois emprunté de lui ce que j'en avois écrit. Mais, pour ce qui est du Mouvement des pendules & des choses pesantes, quoique mes Propositions soient les mêmes que les siennes, il y a pourtant une différence toute entiére entre les façons de démontrer & l'ordre & suite des Propositions, comme vous le pourrez juger facilement, s'il vous plaît de lire l'Ecrit ci-joint : Car vous verrez, que dans ma premiére Proposition je donne, ou crois donner, la vraie cause de l'accélération du mouvement, au lieu que* Galilée *se contente de la supposer & d'en faire une définition ; que dans ma 5e. je prouve ce qu'il prend pour Principe & qu'il demande lui être accordé au commencement de son Traité ; & que dans ma 8e. je donne la proportion du tems par le côté du quarré, avec le tems par les 2 côtez de l'octogone, & par celui des 3 côtez du dodécagone, ce qu'il n'a pas fait. Je fais une abstraction,*

aussi

aussi bien que lui, de la résistance de l'air: car en la supposant je me suis encore rencontré dans ses mêmes sentiments auparavant que de l'avoir lû, & je crois que les poids qui tombent, augmentent leur vitesse jusques à un certain point, passé lequel elles vont d'un mouvement égal; & voici comme je détermine ou commence cette égalité. Je suppose qu'un vent soufflant de bas en haut puisse soutenir une boule de liége en l'air: alors, si le vent cesse, cette boule tombant augmentera sa vitesse jusques à ce qu'elle soit égale à celle du vent qui la soutenoit, & ensuite elle continuëra sa descente avec une vitesse uniforme, puisque la résistance de l'air lui ôtera précisément sa puissance naturelle de descendre, & il ne lui restera que la puissance acquise. Je n'ai pas fait mes démonstrations bien exactes, ni dans toute leur étenduë; parce que je sai que vous les suppléerez facilement, & que j'aurois été trop long. C'est par cette même considération que je ne montre pas la façon dont j'ai calculé les nombres énoncez en ma 8e. Proposition, & que la Conclusion est sans démonstration. Et parce que je crains que cette lettre ne soit aussi trop longue, & qu'elle ne vous soit ennuyeuse; je la finis en vous assurant de mes très-humbles respects, & que je suis &c.

DU MOUVEMENT
DES
PENDULES.

PREMIER PRINCIPE NATUREL.

UN même poids fait le commencement de sa descente avec une même vitesse en quelque lieu accessible de l'air qu'on le laisse tomber.

Ce Principe se prouve par expérience, & doit être admis comme on admet dans les Méchaniques, que les cordes des balances sont parallelles à cause de la grande distance de la surface de la terre à son centre, quelle que soit la cause du mouvement vers le centre.

SECOND PRINCIPE NATUREL.

SI un Corps est porté d'une vitesse uniforme par un petit espace, par quelque cause que ce soit; cette cause cessant, il continuera son mouvement de même part avec la même vitesse par un espace égal au premier, s'il n'est point empêché par une autre cause.

Ce Principe est accordé par *Descartes* & *Galilée*; & il est facile de le prouver par expérience. Nous appellerons cette puissance par laquelle le Corps continuë son mouvement, acquise.

I. PROPOSITION.

IL est impossible, qu'un poids qu'on laisse tomber, continuë sa descente avec une vitesse uniforme; mais il acquiert, à chaque moment égal de tems, un nouveau degré égal de vitesse.

TAB. XXIV. Fig. 1. Soit AB une ligne perpendiculaire à un plan horisontal, divisée en plusieurs petites parties égales aux points C, D, E, F, G, H, I, V; & qu'ayant laissé tomber un poids du point de repos A, il descende d'une vitesse uniforme, s'il se peut, jusques au point C, par sa puissance naturelle de descendre vers le centre de la terre, en un certain tems que nous appellerons un moment. Donc, par le 2ᵉ. Principe naturel, il continuera sa descente avec la même vitesse par l'espace CD, & dans le second moment de tems égal au premier il arriveroit au point D par sa puissance acquise, encore que la puissance naturelle de descendre l'eût abandonné au point C. Mais, parce qu'il la conserve toujours égale en quelque lieu qu'il soit de la ligne AB, par le premier Principe; dans ce second moment de tems il parcourra par cette puissance un autre petit espace égal à AC. Donc par ces deux puissances ensemble il passera les

les deux petits eſpaces CD, DE, au ſecond moment: Et par les mêmes raiſons, dans le troiſiéme moment il ira de E en G par la puiſſance acquiſe, puis qu'au moment précédent il eſt deſcendu de C en E; & par la puiſſance naturelle qui ne le quitte point, il deſcendra encore en ce moment un eſpace égal à A C, par le premier Principe. Donc dans ce troiſiéme moment il parviendra au point H, & ainſi de ſuite; c'eſt à dire, que ſi au premier moment il paſſe l'eſpace AC, au ſecond il paſſera le double de A C, au troiſiéme le triple, au quatriéme le quadruple &c. Donc ſa viteſſe augmentera à proportion des tems de ſa deſcente: & ſi on entend que la ligne AB ſoit diviſée en de plus petites parties à l'infini, & le tems auſſi à l'infini; cette accélération de mouvement ſera enfin uniforme, & la viteſſe augmentera à proportion des tems, ce qui étoit à prouver.

II. PROPOSITION.

Soit AB *une perpendiculaire, qu'un poids ait paſſée dans un certain tems tombant du point de repos* A; *& que ce poids étant arrivé au point* B, *change de direction & remonte vers le point* A, *commençant ſon mouvement de bas en haut ſelon la viteſſe acquiſe au point* B: *je dis qu'il remontera juſques au point* A, *& que le tems de ſa montée ſera égal à celui de ſa deſcente.* TAB. XXIV. Fig. 2.

Car, ſoit ſuppoſé le tems de ſa deſcente être diviſé en 10 moments égaux, & la ligne AB en 55 parties égales entre elles, & que le poids paſſe la premiére au premier moment par une viteſſe uniforme. Donc, par ce qui a été dit en la précédente, au dixiéme moment il paſſera en deſcendant 10 de ces petites parties. Mais en remontant au onziéme moment avec la même viteſſe il paſſera auſſi 10 de ces petites parties par la puiſſance acquiſe, par le 2e. Principe; & par la puiſſance naturelle, il en deſcendroit une dans ce même onziéme moment qui ſera le premier de la montée. Donc par les 2 puiſſances enſemble le poids ne remontera que 9 parties: c'eſt à dire, que ſi B *g* eſt égale à 10 de ces parties, & *g* H à une, le poids ne montera en ce premier moment que juſques au point H; & dans le ſecond moment devant parcourir 9 de ces parties par la puiſſance acquiſe, il n'en parcourra que 8, à cauſe que la puiſſance naturelle de deſcendre lui en ôtera une en ce ſecond moment, & ainſi des autres eſpaces. Donc la progreſſion des eſpaces ou petites parties égales de ſa montée au 1er, 2e, 3e, 4e, moment &c. ſera 9, 8, 7, 6, 5 &c.; & au lieu d'en paſſer 2 au neuviéme moment, il n'en paſſera qu'une; & enfin devant monter une de ces petites parties au dixiéme moment par la puiſſance acquiſe, & en deſcendre une par la puiſſance naturelle dans le même dixiéme moment, ces deux puiſſances s'effaceront préciſément l'une l'autre, & le dernier terme de la montée ſera au neuviéme moment. Donc le tems de la montée du poids étant de 9 moments & celui de ſa deſcente de 10, la différence ſera $\frac{1}{10}$. Et la deſcente étant de 55 parties telles que B *g* en

 eſt

eſt 10, la montée ne ſera que de 45, c'eſt à dire environ $\frac{1}{5}$ moins que la deſcente. Mais ſi le tems eſt ſuppoſé diviſé en 100 moments & la ligne AB en 5050 parties égales, & que le poids au premier moment paſſe par une viteſſe uniforme une de ces parties en deſcendant, il parcourra les 5050 parties dans les 100 moments: Mais, par ce que nous venons de dire, le tems de la montée défaudra d'un de ces 100 moments, & l'eſpace défaudra de 100 de ces petites parties, c'eſt à dire environ $\frac{1}{50}$ de toute la ligne AB. Que ſi cette diviſion de tems & d'eſpace eſt continuée à l'infini, ces défauts diminueront toujours, & enfin la différence des tems ſera moindre qu'aucun moment de tems donné, & celle des eſpaces moindre qu'aucune grandeur donnée, c'eſt à dire comme rien. Donc le poids remontera juſques au point où il a commencé ſa deſcente &c. ce qui étoit à prouver.

Il s'enſuit de cette Propoſition, que ſi on jette en l'air perpendiculairement un poids comme une balle de plomb, le tems de ſa montée depuis le point où il quitte la main juſques au point de repos, & celui de ſa deſcente juſques au point où il a quitté la main, ſeront égaux, & que la viteſſe de la balle diminuera uniformément en montant juſques à ſon repos à proportion des tems de la montée.

III. PROPOSITION.

TAB. XXIV. Fig. 3. *Soit AB une ligne perpendiculaire, qu'un poids ait paſſée en deſcendant du point de repos A, comme il a été démontré dans les Propoſitions précédentes; & qu'au même tems quelque autre mobile parcoure la ligne CD égale à AB, par une viteſſe uniforme: je dis que cette viteſſe ſera égale à la moitié de la viteſſe acquiſe par le poids au point B.*

Car ſoit ſuppoſé le tems de la deſcente par AB être diviſé en 100 moments égaux, & la ligne AB en 5050 parties égales, & que le poids paſſe la premiére au premier moment par un mouvement uniforme: par ce qui a été dit en la 1e. Propoſition, le poids parcourra au cinquantiéme moment 50 de ces parties, & 100 au centiéme; & l'agrégé de toutes ces parties ſera 5050, nombre égal à 50 avec le produit de 50 par 100. Mais, ſi pendant chacun de ces moments l'autre mobile parcourt en la ligne CD 50 de ces parties par une viteſſe uniforme, cette viteſſe ſera égale a la moitié de la viteſſe acquiſe par le mouvement accéléré au point B de la ligne AB, puiſqu'au dernier moment de la deſcente le poids a parcouru 100 de ces parties; & l'aggrégé des parties parcouruës dans les 100 moments par cette viteſſe uniforme ſera égal au même produit de 100 par 50, c'eſt à dire 5000; & la différence des eſpaces paſſez par ces deux mobiles en même tems ſera 50, qui eſt $\frac{1}{100}$ de tout l'eſpace paſſé par le mouvement uniforme. Mais, ſi le tems eſt ſuppoſé être diviſé en 1000 moments, & la ligne AB en 500500 petites parties égales &c; on montrera, par les mêmes raiſons, que les eſpaces parcourus par le mouvement accéléré & par l'uniforme ſeront différents de $\frac{1}{1000}$. Et ſi on diviſe le tems & la ligne

AB

A B en de plus petites parties, cette différence diminuëra toujours: Donc si elles sont divisées à l'infini, cette différence sera enfin comme rien; & les deux mobiles, dont l'un descend par un mouvement accéleré jusques au point B, & l'autre se meut par une vitesse uniforme égale à la moitié de celle acquise au point B, passeront en tems égaux les 2 lignes égales, AB, CD. Donc &c. ce qui étoit à prouver.

IV. PROPOSITION.

SI un poids passe en descendant des espaces inégaux en divers tems, les espaces passez seront l'un à l'autre en raison doublée des tems de leur descente.

Soit la ligne AB, dont la partie AC soit passée par un poids descendant du point de repos A dans le tems DE, & toute la ligne AB dans le tems DF: je dis que comme le quarré de DE est au quarré de DF, ainsi l'espace AC est à l'espace AB. Car, soit supposé, comme dans les Propositions précédentes, le tems DE être divisé en 10 moments égaux, & l'espace AC en 55 parties égales, dont le poids en passe une avec une vitesse uniforme au premier moment: Donc, par la 1e. Proposition, il en passera 10 au dixiéme. Et si DF est double de DE, le tems DF sera composé de 20 de ces moments, & au vintiéme moment il parcourra 20 petites parties égales à celles de AC: Donc, l'aggrégé de toutes les parties passées dans le tems DF sera égal au produit de 10 par 20 avec 10, & celui des parties passées dans le tems DE sera égal à 5 avec le produit de 5 par 10. Or, ces produits sont nombres semblables: Donc ils sont l'un à l'autre en raison doublée de leurs côtez homologues, savoir 10 & 20, ou DE, DF. Mais, d'autant que le nombre 10 ajouté au premier produit n'est pas au nombre 5 ajouté au dernier en raison doublée de 10 à 20, mais en la simple raison de DE à DF, l'aggrégé des parties passées dans le tems DE sera moindre que le quadruple des parties de AC, & la différence sera 10, savoir $\frac{1}{21}$ de toute la ligne passée dans le tems DF. Mais, si on suppose les tems & les espaces être divisez à l'infini, la proportion de cette différence diminuëra toujours, comme il a été montré ci-dessus; & enfin sera comme rien. Donc AB passé dans le tems DF sera quadruple de AC lorsque l'accélération du mouvement sera uniforme. On fera la même preuve, si DF est supposée triple ou quadruple de DE, ou en quelque autre raison. Donc &c. ce qui étoit à prouver. TAB. XXIV. Fig. 4. 5.

Il s'ensuit, si on prend Ag moyenne proportionelle entre AC, AB, que comme AC à Ag, ainsi le tems par AC au tems par AB.

V. PROPOSITION.

SOit BC *une ligne horizontale,* CA *perpendiculaire à* BC, *&* AB *inclinée: je dis que si on laisse tomber un même poids du point* A, *le tems de sa descente par* AB *sera au tems de sa descente par* AC *comme* AB *est à* AC. TAB. XXIV. Fig. 6.

Car, d'autant que la pesanteur totale du poids est à sa pesanteur sur la ligne inclinée AB comme AC à AB, & que la pesanteur n'est autre chose qu'une puissance de descendre selon une certaine vitesse : il s'ensuit que si on entend que le poids descende avec une vitesse uniforme un très-petit espace comme AE en la ligne AB pendant un certain moment de tems, & que dans le même moment un autre poids égal parcoure d'une vitesse uniforme l'espace AF dans la ligne AB; il s'ensuit, di-je, que comme le poids en AB est à son poids total par AC, ainsi AF sera à AE. Si donc on entend AC être divisée en plusieurs parties égales à AE, & qu'il y ait en AB un égal nombre de parties dont chacune soit égale à AF, & que l'agrégé de ces parties soit AD; AD sera à AC comme AF à AE, c'est à dire comme le poids en AB à son poids total, ou comme AC à AB; &, par ce qui a été dit dans les précédentes, le tems par AD sera égal au tems par AC, puisqu'en autant de moments infiniment petits que l'espace AC sera parcouru, AD le sera aussi. Mais, par la 4e. Proposition ou sa suite, comme AB à AC moyenne proportionelle entre AB & AD, ainsi le tems par AB au tems par AD; & le tems par AD est egal au tems par AC, comme AB à AC. Je dis encore, que la vitesse acquise au point B est égale à la vitesse acquise au point C: Car, par la 1e. Proposition, comme le tems par AD au tems par AB, c'est à dire comme AD à AC, ainsi la vitesse en D à la vitesse en B: Mais aussi, comme nous venons de montrer, la vitesse en D est à la vitesse en C comme AD à AC ou AF à AE; car la vitesse en C est autant multiple de celle en E comme celle en D de celle en F: Donc la vitesse en D a même raison aux vitesses en C & en B: Donc ces deux derniéres sont égales; ce qu'il falloit prouver.

VI. PROPOSITION.

TAB. XXIV. Fig. 7. *Soit* ABD *un demi cercle*; BD, CD, *deux inscrites*; *& soit* AD *le diamétre perpendiculaire à la tangente horisontale* AE: *je dis que des poids égaux descendants de* B *en* D *& de* C *en* D, *auront les tems de leur descente égaux.*

Car soient tirées les lignes AB & DBE: Donc les triangles EDA, ADB, seront équiangles; & par conséquent comme ED à DA, ainsi DA & DB: Donc, par la suite de la 4e. Proposition, comme ED à AD, ainsi le tems par ED au tems BD du repos en B: Mais, par la précédente, comme ED à DA, ainsi le tems par ED au tems par AD: Donc le tems par ED a même raison au tems par BD & au tems par AD: Donc ces deux derniers tems seront égaux. On prouvera de même que le tems par CD est égal au tems par AD: Donc les tems par BD & par CD seront égaux; ce qui étoit à prouver.

VII. PROPOSITION.

TAB. XXIV. Fig. 8. *Soit* AB *perpendiculaire à l'horison*; AC, BD, *perpendiculaires à* AB; *&* AE *le quart de la ligne*; *& soit* FED *quelconque ligne entre les deux parallelles* AC, BD; *Je dis que le tems par* FE, EB, *sera égal au tems par* AE, ED:

ED: *Mais si* AE *est moindre que le quart de* AB, *le tems par* AE, ED, *sera plus grand que par* FE, EB: *Mais si* AE *est plus que le quart, le tems par* FE, EB, *sera le plus grand.*

Car, étant prises F*g* & AH moyennes proportionelles entre FE, FD, & AE, AB; le tems par EB du repos en A ou en F sera EH par la 4 & 5e. Proposition, & celui par ED sera E*g*. Or au premier cas, AE sera égale à EH, & FE à E*g*: Donc FE, EH, tems par FED, sera égal à AE*g* tems par AED. Au second cas, *g*E sera plus grande que EF, & HE que EA; & à cause de la similitude des triangles AFE & EBD, *g*E sera à EF comme HE à EA: Donc *g*E, EA, ensemble la plus grande & la plus petite, seront plus grandes que HE, EF ensemble: Donc le tems par AED sera plus grand que par FEB. Et au troisiéme cas, par de semblables raisons FE & EH seront ensemble plus grands que AE & E*g*; & par conséquent le tems par FE, EB, sera le plus grand. Ce qui étoit à prouver.

On prouvera le même si les deux lignes AEB, FED, sont toutes deux inclinées: & l'on peut conclure par ce qui est dit au troisiéme cas, qu'un poids commencant sa descente par une ligne perpendiculaire ou peu inclinée, & la finissant par une beaucoup inclinée, fait le tems plus court que s'il commençoit & finissoit au contraire, si la perpendiculaire & l'inclinée sont égales, & même quand la perpendiculaire & l'inclinée seroient un peu plus grandes que l'inclinée & la perpendiculaire.

VIII. PROPOSITION.

SOit ABC *un quart de Cercle dont le centre soit* A, *&* AC *perpendiculaire à l'horison*; BC *côté du quarré inscrit dans le Cercle*; BD, DE, EC, *trois côtez du dodécagone*; *&* BF, FC, *deux côtez de l'octogone: je dis que le tems par* BF, FC, *de suite, sera plus court que par* BC. TAB. XXIV. Fig 9.

Car, étant tirée FH perpendiculaire à BC, BH moitié de BC est plus inclinée que BF; mais HC est moins inclinée que FC, & les deux BF, FC ne sont à BC que comme 27 à 25 à peu près. Donc, par ce qui a été dit à la fin de la précédente, le tems par BFC sera vrai-semblablement plus court que par BC; & par les mêmes raisons le tems par les trois côtez BD, DE, EC, sera encore plus court; & si on reduit en nombres ces tems, on trouvera que si le tems par BC est 100000, celui par BFC sera 93758, & celui par BDEC 93072 à peu près: D'où l'on peut conclure, que le tems par quatre soutendantes de suite sera encore plus court; & enfin que par la Circonférence BC il sera le plus court de tous, & pourroit être au tems par BC comme 93 à 100 ou 13 à 14 à peu près.

CONCLUSION.

DAns toutes les Propositions précédentes on fait abstraction de la résistance de l'air: mais étant supposée, comme elle le doit être pour rendre raison de ce qui nous paroît dans le Mouvement des pendules, voi-

ci

ci ce qu'on en peut dire. Si le poids de la pendule est de bois & que la résistance de l'air augmente le tems de sa descente par l'arc de 90 degrez de $\frac{1}{8}$; si le poids est de plomb, cette augmentation de tems sera moindre, & encore moindre s'il est d'or. Et parce qu'un arc d'une seconde ou d'une tierce est pris ordinairement pour avoir même inclination & même grandeur que sa corde, à cause de leur très-petite différence; si le tems par le côté du quarré est 100000, celui par l'arc d'une tierce sera aussi 100000, puisque par sa corde il est égal à 100000 par la 6e. Proposition. Donc le tems par l'arc de 90 degrez sera à celui par l'arc d'une tierce comme 12 à 13 selon la Proposition précédente, si on fait abstraction de la résistance de l'air. Mais l'air résistant plus aux grands mouvements qu'aux petits, la résistance de l'air au poids qui se meut par l'arc d'une tierce, sera comme rien. Donc, si par tout l'arc de 90 degrez cette résistance augmente le tems de $\frac{1}{8}$, le tems qui étoit 12 sera $13\frac{1}{2}$, & le tems par l'arc d'une tierce sera encore 13, puisque la résistance de l'air ne le change point; & par conséquent le tems des grandes vibrations & celui des plus petites sera comme 27 à 26. Mais, si le poids est d'or, & que la résistance de l'air n'augmente le tems de sa chûte par 90 degrez que de $\frac{1}{13}$; les grandes & les petites vibrations seront égales: mais soit que le poids soit de bois ou de plomb, les vibrations par un arc de 30 degrez & au dessous seront sensiblement égales; & pour les poids qui tombent librement vers le centre, si le principe de leur mouvement est égal près & loin du centre, il augmentera sa vitesse jusques au point ou la résistance de l'air égalera ce premier principe de mouvement ou puissance naturelle de descendre, & de ce point il continuera jusques au centre avec une vitesse uniforme, & passera au delà aussi loin qu'est l'espace depuis le point de repos jusques au point de l'uniformité du mouvement s'il y avoit une ouverture pleine d'air jusques aux Antipodes. Que si cette puissance est comme celle du fer à l'égard de l'aimant, qui est plus forte plus l'aimant est proche, le poids augmentera sa vitesse au commencement de sa chûte comme au cas précédent, jusques à un point, au delà duquel sa vitesse commencera à devenir sensiblement uniforme, quoiqu'elle s'augmente toujours un peu jusques au centre. Et enfin, si la premiére puissance est comme celle des cordes de lut ou des ressorts, qui est plus forte loin du repos que près; la vitesse augmentera comme ci-dessus, au commencement de la chûte jusques à un point, d'où elle commencera à diminuer peu à peu jusques au centre, ce qui est facile à prouver.

Il est encore très facile de prouver par la 4e. Proposition & par le commencement de cette Conclusion, que si les longueurs des pendules sont entre elles comme nombre quarré à nombre quarré, & qu'on prenne leur moyenne proportionelle; le nombre des vibrations de la petite pendule sera au nombre de celles de la grande en même tems, comme la moyenne proportionelle à la plus petite pendule, du moins si les vibrations se font par des arcs moindres que 30 degrez.

F I N.

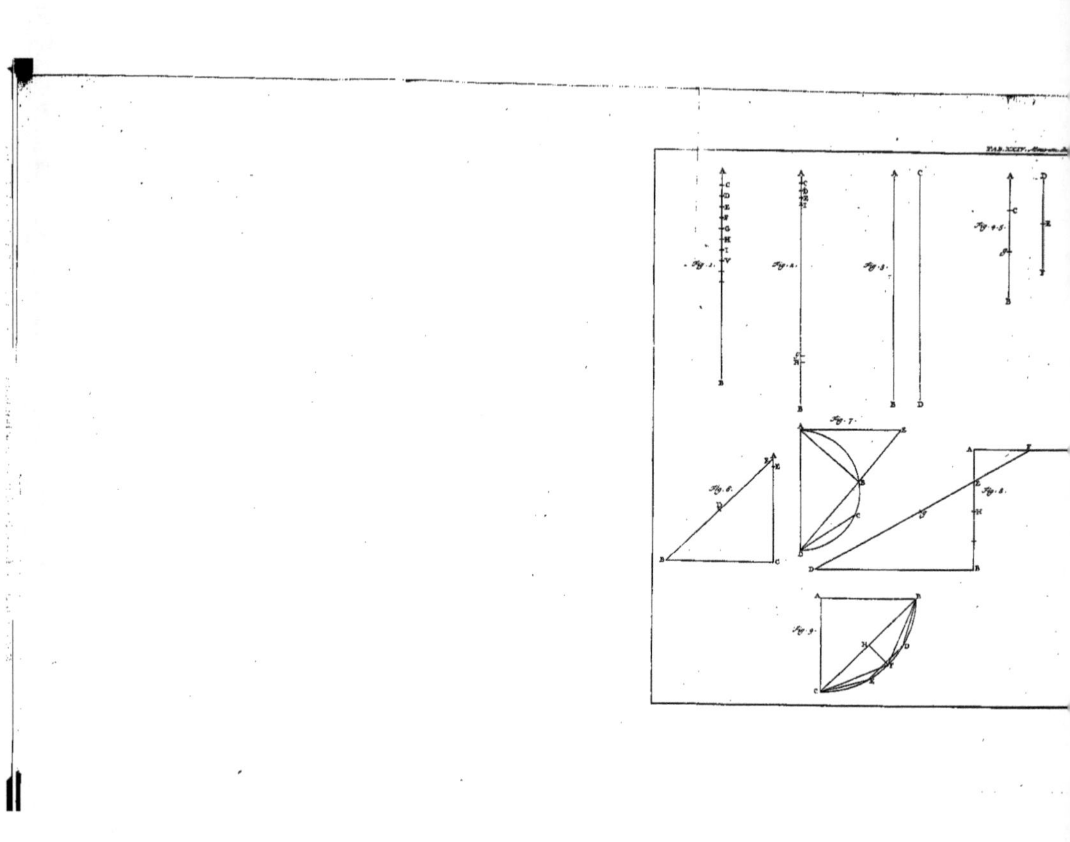

EXPÉRIENCES
TOUCHANT LES
COULEURS
ET LA
CONGÉLATION DE L'EAU.

Par Mr. MARIOTTE,
de l'Académie Royale des Sciences.

Nouvelle Edition revûë & corrigée.

EXPÉRIENCES TOUCHANT LES COULEURS ET LA CONGÉLATION DE L'EAU.

EXPÉRIENCE TOUCHANT LES COULEURS.

Orsqu'on verse deux ou trois goutes d'huile de Tartre dans un demi verre de très-beau vin rouge, il perd sa couleur rouge, devient opaque & jaunâtre comme le vin poussé & corrompu; mais si on verse en suite deux ou trois goutes d'Esprit de souphre qui est un fort acide, ce même vin reprend entiérement sa belle couleur rouge; d'où l'on voit la raison pourquoi on fait brûler du souphre dans les tonneaux pour mieux conserver le vin, & que ce n'est pas la partie inflammable du souphre qui fait çet effet, mais son esprit acide, qui entre dans le bois du tonneau.

EXPERIENCES DE LA CONGELATION DE L'EAU.

I. EXPÉRIENCE.

J'Ai mis de l'eau commune dans un vaiſſeau de cuivre qui avoit environ huit pouces de largeur & ſix de hauteur, & l'ayant expoſée à l'air pendant une forte gelée, quelque tems après je me ſuis apperçû qu'il commençoit à s'y former de longs filets de glace, dont les uns pénétroient l'eau de haut en bas, les autres étoient couchez de travers, quelques-uns étoient attachez au fond & aux côtez du vaiſſeau, & d'autres ſe croiſoient en divers endroits. Enſuite j'ai vû ces filets s'élargir en lames très-déliées; & ayant doucement verſé l'eau par inclination pour mieux voir les lames de glace qui s'étoient formées au fond, j'ai trouvé qu'elles avoient toutes environ trois lignes de largeur, & qu'elles étoient ſéparées les unes des autres par des intervalles égaux, dont la largeur étoit auſſi d'environ trois lignes.

II. EXPÉRIENCE.

LE même vaiſſeau ayant été rempli de nouvelle eau froide & expoſée à la gelée, il s'y forma d'abord des filets & des lames de glace comme devant; & enſuite les lames de glace qui étoient au fond, s'élargirent peu à peu, & compoſérent une glace continuë qui couvroit tout le fond du vaiſſeau. Les lames de glace qui étoient au deſſus de l'eau, ſe joignirent auſſi enſemble; mais il y avoit vers le milieu de la ſurface de l'eau un petit endroit qui ne geloit point, & la glace avoit déja plus d'un pouce d'épaiſſeur que ce petit endroit n'étoit pas encore pris. L'eau ſortoit peu à peu par ce trou, & ſe glaçoit alentour à méſure qu'elle ſe répandoit; de ſorte que le trou ſe retreſſiſſoit toujours, & il ſe fit tout autour une éminence de glace d'environ un pouce de hauteur qui formoit un petit canal. Enfin le trou s'étant entiérement bouché, la glace à quelque tems delà ſe fendit avec bruit, avant que toute l'eau qui étoit au milieu, fût glacée.

III. EXPÉRIENCE.

POur connoître ce qui faiſoit ſortir l'eau par ce petit canal, & ce qui avoit fait rompre la glace, je pris un grand verre de figure conique, & l'ayant empli d'eau juſques à trois ou quatre lignes près du bord, je con-

considérai ſoigneuſement le progrès de la congélation. Après qu'il ſe fut formé de petits filets, & puis de petites lames de glace, dont quelques-unes étoient découpées comme des feuilles de perſil, & d'autres dentelées comme une ſcie; pluſieurs petites bulles d'air commencérent à paroître au fond & aux côtez du verre, & groſſirent peu à peu. Quelques-unes de ces bulles demeuroient engagées dans la glace, d'autres ſe détachoient & montoient juſqu'en haut. Plus l'eau geloit, plus il ſe formoit des bulles. Cependant l'eau ſortoit toujours par le petit canal; & comme elle geloit auſſi-tôt qu'elle s'étoit répanduë, la glace devint enfin ſi haute alentour du petit canal, que d'un côté elle ſurpaſſoit les bords du verre, de maniére que l'eau couloit par deſſus. Alors je fis une autre petite ouverture avec une épingle à l'autre côté où la glace étoit moins épaiſſe, & auſſi-tôt l'eau prit ſon chemin par là. Cette ouverture ayant été renouvellée de tems en tems, le premier trou par où l'eau ne ſortoit plus, ſe ferma entiérement. Enſuite la glace boucha auſſi la ſeconde ouverture que l'on avoit ceſſé de renouveller; & cependant il y avoit toujours des bulles qui ſe formoient dans l'eau qui n'étoit pas encore gelée, & s'élevoient juſqu'au haut de cette eau. Quelque tems après que le ſecond trou fut bouché, j'entendis la glace craquer, & je trouvai qu'elle s'étoit fenduë par le haut en deux endroits; que vers les deux tiers de la hauteur du verre la glace de deſſus s'étoit entiérement ſéparée de celle de deſſous par un eſpace d'environ deux lignes; & que dans le milieu de la glace il y avoit un peu d'eau qui n'étoit pas encore gelée. Je remarquai auſſi que dans toute cette glace il y avoit une infinité de petites bulles qui ſe terminoient en pointe, & qui s'alongoient preſque toutes vers le milieu du verre; & qu'à l'endroit où l'eau avoit gelé la derniére, la glace étoit blanchâtre & peu tranſparente, preſque comme de la neige preſſée.

Par ces expériences je jugeai que la raiſon pourquoi l'eau enfermée dans la glace s'élevoit & ſe répandoit par enhaut, étoit que les bulles qui ſe formoient, venant à s'étendre, la preſſoient & la pouſſoient dehors: Que le petit canal avoit demeuré long-tems ſans ſe glacer, parce que l'eau qui y paſſoit continuellement, l'entretenoit ouvert: Que lorſque la glace avoit enfin bouché ce paſſage, les bulles dont le nombre augmentoit toujours, avoient enfin été trop preſſées, & par l'effort qu'elles faiſoient pour s'étendre, avoient rompu la glace: Que c'étoit auſſi ce même effort qui avoit fait ſéparer la glace de deſſus d'avec celle de deſſous: Et que la blancheur & l'opacité de la glace qui s'étoit formée de la derniére, venoient de ce qu'il s'y étoit mêlé quantité de ces bulles.

Si l'on demande d'où ces bulles viennent, Je reponds, qu'elles ſe forment d'une matiére aërienne dont l'eau eſt toute remplie, comme l'on voit par l'expérience du Vuide. Car ſi l'on met un verre plein

 d'eau

d'eau dans le récipient, on voit sortir de l'eau quantité de semblables bulles lors que l'on pompe l'air : Et la même chose arrive quand on fait bouillir de l'eau sur le feu. On dira peut-être que dans l'eau bouillante ces bulles viennent du feu. Mais j'ai vû plusieurs de ces bulles demeurer plus de six semaines au fond d'un plat rempli d'eau, sans diminuer notablement de volume; quoique le plat ne fut plus sur le feu, & même qu'il fut exposé à un air assez froid : d'où je conclus que ces bulles ne sont point des particules de feu. On pourroit aussi douter si elles ne viennent point de la matiére du vaisseau, ou de l'air qui est contenu dans ses pores. Ce doute, qui semble assez bien fondé, m'a donné occasion de faire une expérience curieuse. Je versai de l'huile dans un petit vaisseau, & avec la tête d'une épingle je mis doucement une goute d'eau au dessus de cette huile. Ayant ensuite mis le vaisseau sur le feu, je ne vis point de bulles sortir de l'huile; mais j'en vis beaucoup sortir de la goute d'eau. Lorsque l'huile fut plus échauffée, la goute d'eau tomba au fond, & les bulles continuérent à en sortir: Mais ce qu'il y a de surprenant, un peu après il se fit une espéce de fulmination, & au même instant le dessus de l'huile fut tout couvert des bulles, dont quelques-unes étoient plus grosses que toute la goute d'eau. Cette expérience me fit juger que la matiére dont les bulles se forment est contenuë dans l'eau, & qu'elle se change en air lorsque l'eau géle, ou qu'on la fait bouillir, ou que l'on pompe l'air d'alentour en faisant l'expérience du Vuide.

Pour expliquer comment les bulles se forment, pourquoi elles s'enflent, & comment se font les filets qui paroissent au commencement de la congélation; on peut dire qu'il y a beaucoup d'apparence que la fluïdité des liqueurs aqueuses vient de ce que leurs parties sont continuellement agitées par le mouvement de cette matiére aërienne, & que ce mouvement est entretenu par la chaleur. D'où il s'ensuit, que lorsqu'il fait un très grand froid, ce mouvement devient si foible qu'il ne peut plus agiter les parties de l'eau, de maniére qu'elles s'attachent au vaisseau; & puis elles se joignent les unes aux autres; & de là viennent les filets & ces lames de glace que l'on voit paroître lorsque l'eau commence à geler. Alors la matiére aërienne se dégage de l'eau qui géle: & comme les esprits du vin nouveau étant séparez de la matiére grossiére du vin se mettent en mouvement, font sortir le vin par le bondon, & rompent le tonneau si on ne leur donne passage; ainsi cette matiére aërienne en se dilatant fait sortir l'eau par le petit trou qui demeure ouvert, & lorsque ce trou est bouché, elle rompt la glace qui la tient trop pressée. Pour faire voir qu'il n'y a point d'autre cause de cette rupture, je fis l'expérience suivante.

IV. EX.

IV. EXPÉRIENCE.

JE mis de nouvelle eau froide dans le vaisseau dont je m'étois servi aux deux premiéres Expériences. Lorsque l'eau fut toute gelée par dessus en sorte qu'il n'y restoit plus d'ouverture, je perçai la glace avec une grosse épingle. Aussi-tôt il sortit un jet d'eau de la hauteur de plus de deux pouces, qui enleva l'épingle qui étoit demeurée dans le trou. Je continuai de percer la glace de tems en tems, jusqu'à ce que l'eau fut toute gelée; & après cela je la laissai exposée à un air très-froid deux jours & deux nuits de suite. Mais la glace ne creva point, quoique d'autre glace qu'on n'avoit point percée, crevât tout auprès.

V. EXPÉRIENCE.

JE voulus voir s'il falloit beaucoup de ces bulles pour rompre la glace; & ayant pour cela fait geler d'autre eau dans le même vaisseau, je perçai la glace de tems en tems. Quand l'eau fut presque toute gelée, je tirai la glace entiére hors du vaisseau l'ayant un peu fait échauffer, & je la laissai exposée à l'air sans la percer davantage. Un quart d'heure après je l'entendis rompre, & je la trouvai séparée en deux parties presqu'égales, en chacune desquelles il y avoit une cavité d'environ un pouce de diamétre, qui étoit l'espace qu'occupoient les bulles, & le reste de l'eau étoit demeuré liquide. La glace étoit tout autour épaisse de plus de trois doigts; & néanmoins les bulles qui s'étoient formées du peu d'eau qui restoit, n'avoient pas laissé de la rompre.

VI. EXPÉRIENCE.

PLusieurs personnes ont taché de faire des miroirs ardens avec de la glace: mais il est difficile d'y réüssir, parce que d'ordinaire la glace n'est pas parfaitement transparente. Cependant, ayant jugé par les expériences précédentes, que si l'on faisoit sortir la matiére aërienne qui est dans l'eau avant que de l'exposer à la gelée, on pourroit avoir de la glace très pure; j'en voulus faire l'essai. Je fis donc bouillir de l'eau nette sur le feu environ l'espace d'une demi-heure pour faire évaporer la matiére aërienne, & je l'exposai ensuite à un air très-froid. Tout proche de cette eau chaude, j'en mis autant de froide dans un autre vaisseau, afin de les comparer ensemble. L'eau froide commença à geler avant que la chaude fût seulement refroidie, & il s'y forma quantité de bulles. L'eau chaude gela aussi à la fin: mais la glace avoit deux pouces d'épaisseur de tous côtez, qu'il ne s'y étoit encore

core formé aucune bulle ; de sorte qu'elle étoit parfaitement transparente. Je mis un morceau de cette glace dans un petit vaisseau concave sphérique, & ayant approché ce vaisseau du feu, je fis fondre peu-à-peu la glace d'un côté jusqu'à ce qu'elle eût pris un figure convexe sphérique. J'en fis autant de l'autre côté, retournant souvent la glace, & versant l'eau de tems en tems à mesure que la glace se fondoit. Lorsque la glace eut une figure convexe assez uniforme, je la pris par les deux bords avec un gand, afin que la chaleur de la main ne la fit pas si tôt fondre, & je l'exposai au soleil. Cette expérience eût le succès que j'attendois : Car en fort peu de tems par le moyen de cette glace je mis le feu à de la poudre fine que j'avois placée au foyer ou point brulant où les rayons se réünissent. Il est vrai que quelque soin que l'on prenne il est impossible de faire évaporer de l'eau toute la matiére aërienne, & d'empêcher qu'il ne se forme quelques bulles dans le milieu de la glace ; mais on en a toujours une épaisseur considérable qui est parfaitement transparente.

F I N.

ESSAI
DE
LOGIQUE

CONTENANT

LES PRINCIPES DES SCIENCES, ET LA MANIERE DE S'EN SERVIR POUR FAIRE DE BONS RAISONNEMENS.

DIVISÉ EN DEUX PARTIES,

Par Mr. MARIOTTE,

de l'Académie Royale des Sciences.

Nouvelle Edition revûë & corrigée.

PRÉFACE.

IL y a sujet de s'étonner de ce que les plus fameux Philosophes tant anciens que modernes, ont tenu des opinions si différentes dans les points les plus importans de la Philosophie : & il est difficile de bien juger quelles ont été les véritables causes de cette diversité de sentimens ; car on ne peut pas dire que leurs yeux & leurs autres sens ayent reçû en des maniéres différentes les impressions des objets. Ils se servoient des mêmes régles à l'égard du raisonnement, & ils faisoient également profession de rechercher & d'enseigner la vérité ; & cependant ils ont soutenu plusieurs choses entiérement opposées, & n'ont jamais pû mettre fin à leurs contestations.

Aristote & Descartes veulent, qu'il n'y ait dans le monde aucun espace, quelque petit qu'il puisse être, qui ne soit rempli de quelque matiére. Epicure & Gassendi soutiennent le contraire, & disent qu'il est impossible qu'il se fasse aucun mouvement dans la nature, s'il n'y a quelques petits intervalles vuides entre les corps, & entre les petites particules qui les composent. Aristote & Ptolomée ont placé la Terre en un parfait repos dans le centre du Monde ; Copernic & les Pythagoriciens avant lui, l'ont mise au rang des Etoiles errantes. Les Stoïciens ont crû que la vertu étoit l'unique bien des hommes : Epicure & ses Sectateurs n'ont point reconnu d'autre bien que la volupté. Il y a même eu des Sectes entiéres qui ont rejetté toutes les sciences, & qui ont soutenu que toutes les apparences que nous avons des choses, n'étoient que des illusions continuelles, & qu'il étoit impossible de rien découvrir de certain, ni par nos sens, ni par notre raisonnement.

Après avoir fait plusieurs reflexions sur ces contrariétés, & sur beaucoup d'autres qui ont été entre les Philosophes, j'en ai remarqué trois causes principales.

La premiére ; que leur Logique étoit défectueuse, particuliérement à l'égard des définitions, & de la méthode qu'il faut suivre pour bien établir une hypothêse.

La seconde ; que dans les sciences naturelles ils s'attachoient trop aux raisonnemens, & trop peu aux expériences.

La troisiéme ; que la plupart de ces Philosophes ont été de mauvaise

vaise foi ; & que, sans se mettre beaucoup en peine de découvrir la vérité, ils n'ont eu pour but, que d'accommoder leur Philosophie à leur profit, ou à leur gloire : les uns se faisant chefs de parti, & les autres, dont le génie étoit moins ambitieux, se contentant de choisir quelque Secte par caprice, & de la soutenir aveuglément en tous ses points ; en cela semblables à de certains animaux qui suivent par tout ceux de leur espéce qui marchent devant eux, même quand ils les conduiroient dans des précipices.

Ces mêmes désordres durent encore aujourd'hui parmi ceux qui s'appliquent aux sciences : car on auroit peine à faire voir qu'aucun d'eux ait quitté quelqu'une des opinions de son parti, après qu'on lui en a fait voir la fausseté ; ni qu'il ait consideré, qu'encore que celui qu'il a pris pour guide, ait mieux rencontré que les autres en quelques connoissances particuliéres, il étoit très-difficile qu'il ne fût aussi tombé en quelques erreurs.

Ce mal seroit peu important, s'il ne s'agissoit que d'une vaine curiosité, puis qu'on a souvent autant de divertissement à lire des Fables & des Romans, qu'à lire des Histoires véritables : mais il arrive ordinairement que nos malheurs procédent des erreurs dont nous nous laissons prévenir. Combien de fois a-t-on vû des Curieux trompez par les impostures des Astrologues & des Chimistes? La plupart des Médecins prévenus d'une mauvaise Physique, en tirent plusieurs conséquences pernicieuses à notre santé & à notre vie ; & les Etats les plus florisans sont souvent renversez par une fausse Politique, & par une Morale mal fondée.

C'est ce qui m'a donné sujet de rechercher si on ne pourroit pas trouver quelque voie assurée pour établir quelque certitude dans les sciences, ou du moins pour empêcher les disputes, en déterminant ce qu'on peut recevoir au défaut des vérités incontestables.

Et enfin, après avoir long-tems examiné cette matiére, j'ai crû qu'on ne pouvoit mieux faire que de proposer quelques vérités, dont tous les hommes non prévenus demeurassent facilement d'accord, pour servir de principes & de fondemens pour les autres connoissances ; & d'enseigner ensuite une méthode & des régles, pour employer ces vérités à découvrir d'autres vérités plus cachées.

J'ai divisé, pour cette raison, ce petit Traité en deux Parties.

Dans la premiére, j'avance plusieurs propositions que je croi devoir être reçues pour véritables. Quelques-unes doivent servir de Régles pour le raisonnement, & les autres de Principes certains pour établir les Sciences, particuliérement la Physique & la Morale.

Il y a de ces Propositions qui sont très-évidentes d'elles-mêmes, comme la premiére: Il y en a qui se prouvent par induction, c'est à dire par les exemples qu'on en donne; comme, la deuxiéme, la troisiéme, & la dix-huitiéme: Il y en a même quelques-unes qui sont prouvées par un raisonnement facile, fondé sur quelques propositions précédentes; comme la douziéme.

J'ai mêlé parmi ces Propositions, plusieurs petits discours qui servent à expliquer la signification de quelques noms, comme le Discours qui est entre la sixiéme & la septiéme, afin qu'on ne se trompe point dans le sens des propositions.

La seconde Partie a beaucoup de choses semblables à la Logique ordinaire, & c'est proprement une méthode pour se bien conduire en la recherche & en la preuve de la vérité. On y a mis quelques démonstrations de Géometrie & d'Arithmétique, pour servir de modéles pour les raisonnemens, & pour donner quelque connoissance de ces sciences: que si quelques-uns trouvent ces démonstrations trop difficiles, ils pourront passer légérement par dessus, sans se mettre en peine de les comprendre exactement, ou quitter le dessein d'apprendre les sciences par raisonnement; puis qu'ils y trouveront beaucoup d'autres démonstrations plus obscures & plus embarrassantes. On y a mis aussi quelques démonstrations de Physique assez difficiles, à dessein de faire voir combien il est malaisé de pénétrer les secrets de la Nature, & qu'une véritable Physique seroit beaucoup plus difficile que la Géométrie.

Or quoique ce Traité n'ait pas toute sa perfection, j'ai crû qu'il ne seroit pas inutile de le donner au public; soit parce qu'il pourra servir de modéle à ceux qui voudront entreprendre d'en faire un plus achevé sur le même dessein, soit afin qu'en ayant moi-même reconnu les défauts par les difficultés que quelques-uns y pourront trouver, je puisse le rendre moins défectueux & plus utile au dessein que je me suis proposé, qui est de faire cesser, autant qu'il est possible, les disputes entre les Savans, afin qu'ils puissent travailler de concert à l'accroissement des Sciences.

ESSAI

ESSAI DE LOGIQUE.

PREMIERE PARTIE.

Contenant les premiers Principes des Sciences.

DEMANDES.

I.

ON demande que les mots & les façons de parler ſoient ici pris dans le ſens qui leur eſt donné ; ou qu'on en mette d'autres en leur place de même ſignification.

II.

Qu'on accorde que nous ſommes quelquefois diſpoſez de telle ſorte, qu'alors la plupart des actions qu'il nous ſemble faire, comme parler, marcher, ouvrir les yeux, nous les faiſons véritablement ; & que la plupart des choſes qu'ils nous ſemble alors appercevoir hors de nous, ſont & exiſtent véritablement hors de nous, quelles que ſoient ces choſes.

III.

Qu'on donne un même nom aux choſes ſemblables, entant qu'elles ſont ſemblables, & des noms différens aux choſes différentes, entant qu'elles ſont différentes ; ou ſi les noms ſont donnez autrement, qu'on n'en confonde point les ſignifications.

PRINCIPES ET PROPOSITIONS FONDAMENTALES DU RAISONNEMENT.

I. TOut ce que nous penſons, il eſt vrai que nous le penſons.

II. Il y a des Propoſitions ſi certaines & ſi évidentes d'elles-mêmes, que pourvu qu'on entende leur ſignification, on ne peut douter de leur vérité ; & elles ſont reçuës pour certaines & infaillibles, ſans ſuppoſer aucune autre connoiſſance précédente : Comme ; *chaque choſe eſt égale à elle-même* ; *le tout eſt plus grand qu'une de ſes parties* ; *les choſes égales à une autre ſont égales entr'elles* ; *ſi à des choſes égales on ajoute des choſes égales, les touts ſeront égaux* ; *ſi de choſes égales on retranche*

 des

des choses égales, les restes seront égaux; il est impossible qu'en même tems une chose soit & ne soit pas. Ces Propositions seront ici appellées Principes de connoissance, ou vérités premiéres; & leurs contraires, comme *une partie d'une chose est égale à la chose entiére*, faussetés premiéres..

III. Il y a des Propositions qui d'abord ne paroissent ni fausses ni vraiës; comme *les trois angles d'un Triangle sont ensemble égaux à deux angles droits.* Mais lors qu'on fait voir qu'elles sont comprises sous des vérités premiéres, & tellement conjointes & liées avec elles, qu'elles ne peuvent être fausses, que ces vérités premiéres ne le soient aussi; elles sont tenuës pour certaines. Que si on montre qu'elles soient comprises sous des faussetés premiéres, elles sont tenuës pour fausses. Mais, si on ne fait voir aucune de ces liaisons & connexités, elles demeurent toujours douteuses.

IV. La connexité & liaison d'une proposition avec quelques autres propositions, est montrée en cette sorte; *Si le Soleil luit, il est jour; le Soleil luit; donc il est jour:* ou en celle-ci; *tout animal est vivant; tout homme est animal; donc tout homme est vivant:* ou en d'autres maniéres aussi claires & aussi évidentes. Car en chacun de ces discours, on connoît facilement & clairement que la troisiéme proposition est tellement liée & conjointe avec les deux premiéres, qu'elles ne peuvent être tenuës pour vraiës, qu'on ne la tienne aussi pour vraie. On appellera cet assemblage de propositions par lequel on connoît la connexité de la derniére avec les deux premiéres, Raisonnement, Argument, ou Syllogisme: & le discours par lequel on connoît la connexité d'une proposition douteuse, avec des propositions certaines & infaillibles, soit qu'il soit composé d'un argument ou de plusieurs; on l'appellera preuve ou démonstration.

V. Si une proposition douteuse est prouvée par une ou plusieurs vérités premiéres, & qu'on fasse voir qu'une autre proposition douteuse soit comprise sous celle qui est prouvée, cette autre proposition sera tenuë pour prouvée, & ainsi à l'infini.

VI. Les vérités premiéres ne doivent point être prouvées par d'autres vérités premiéres, puis qu'elles sont très certaines d'elles-mêmes.

Les propositions prouvées qui servent à prouver beaucoup d'autres propositions, seront appellées Principes seconds, ou Propositions fondamentales.

VII. Les propositions qui ne sont pas des vérités premiéres, ne peuvent servir de principes pour en prouver d'autres, si elles ne sont prouvées.

VIII. On ne peut prouver une proposition, ni faire connoître une chose par une autre, qui soit autant ou plus inconnuë; & si on a prouvé une proposition par une autre, on ne peut pas prouver réciproquement cette derniére par la premiére.

Croi-

Croire une propoſition, c'eſt la tenir pour vraië, ſoit qu'elle ſoit vraië ou fauſſe.

On appellera ici ſcience, la connoiſſance qu'on a des vérités premiéres, & de ce qui eſt prouvé.

Mais ſi on croit une propoſition qui n'eſt pas vérité premiére, ni prouvée; on appellera cette créance opinion, ſoit que la propoſition ſoit vraië ou fauſſe.

Propoſition intellectuelle eſt une propoſition qu'on peut juger vraië, ou fauſſe par elle-même, ou par le raiſonnement, ſans qu'il ſoit beſoin de ſe ſervir des ſens pour en avoir la certitude, mais ſeulement pour entendre ſa ſignification : comme; *les choſes égales à une autre ſont égales entr'elles*; *en tout Triangle le plus grand angle eſt ſoutenu du plus grand côté.*

Propoſition ſenſible eſt celle qui ne peut être jugée vraië ou fauſſe, ſans l'aide des ſens : comme; *il eſt des Etoiles*; *le feu brûle*; *le plomb eſt plus peſant que l'argent.*

IX. Les propoſitions ſenſibles douteuſes ſont prouvées vraiës, quand on fait tomber ſous les ſens, les choſes dont on eſt en doute. Comme ſi quelqu'un étant dans une chambre fermée & obſcure, doutoit de cette propoſition, *il eſt jour*; elle lui ſeroit prouvée, ſi on ouvroit les fenêtres, & qu'on lui fit voir le Soleil. De même, ſi quelqu'un doutoit de cette propoſition, *l'or ſe fond plus difficilement que le plomb*; elle lui ſeroit prouvée ſi on lui en faiſoit voir l'expérience. On appellera ici cette ſorte de preuve, preuve par induction, ou preuve par expérience.

X. Il ne faut point diſputer contre ceux qui nient les vérités premiéres, parce qu'on ne peut rien prouver que par les vérités premiéres.

PRINCIPES ET PROPOSITIONS FONDAMENTALES, POUR ETABLIR LES SCIENCES DES CHOSES NATURELLES.

ON appellera ici effet, tout changement qui arrive en une choſe, ou la production d'une nouvelle choſe.

XI. Si une choſe étant poſée il s'enſuit un effet; & ne l'étant point, l'effet ne ſe fait pas, toute autre choſe étant poſée : ou ſi en l'ôtant, l'effet ceſſe; & ôtant toute autre choſe, l'effet ne ceſſe point : Cette choſe là eſt néceſſaire à cet effet, & en eſt cauſe.

XII. Si deux choſes étant poſées il ſe fait un effet, & que l'une produiſe l'effet, & l'autre le reçoive; celle qui ne ſouffre point de changement, eſt celle qui produit l'effet.

XIII. De quelque façon que les choſes qui tombent ſous nos ſens nous paroiſſent, il eſt vrai qu'elles nous paroiſſent de cette ſorte.

Ce

Ce qui nous paroît dans les choses, comme la couleur, la figure, l'odeur, la pesanteur, d'où les choses sont dites rouges ou blanches, rondes ou quarrées, odoriférantes, pesantes, &c; sera ici appellé qualité : & les choses qui ont ou paroissent avoir des qualités entant qu'elles les ont, ou paroissent les avoir, seront appellées des substances; comme un arbre, une étoile, le soleil, &c.

XIV. Les propositions sensibles par lesquelles nous assurons qu'une substance a de certaines qualités, comme, *ce que je touche est chaud*, *le Soleil est lumineux*, *le sucre est doux*, seront reçuës pour vraiës, si ces qualités ou apparences de qualités tombent sous nos sens: Car, par le treiziéme principe cette substance nous paroît de cette sorte; & par l'onziéme, elle produit cette apparence: d'où il suit, ou qu'elle a ces qualités, & qu'elle est telle qu'elle nous paroît, ou du moins qu'elle est telle à notre égard, c'est à dire, qu'elle est disposée à produire ou faire produire véritablement en nous ces effets, que nous appellons voir de la lumiére, sentir de la chaleur, goûter de la douceur, & ainsi des autres qualités sensibles.

XV. Les propositions sensibles par lesquelles nous assurons qu'une chose est une telle substance, comme, *ce que je vois est une rose*, seront reçuës pour vraiës par ceux qui reconnoîtront immédiatement par plusieurs observations dans le sens du principe précédent, toutes les qualités, causes, effets, & circonstances de cette substance, qui toutes ensemble ne conviennent qu'à cette substance. On appellera ces propositions, & celles dont il est parlé dans le Principe précédent, Principes de connoissance sensible, ou vérités premiéres sensibles; car il n'y a rien de plus certain dans les connoissances qui dépendent des sens.

On dira d'une chose, qu'elle est possible intellectuellement; quand la proposition qui asseure qu'elle est impossible, n'est pas une vérité prémiére intellectuelle, ni comprise sous aucune vérité premiére intellectuelle; comme si cette proposition, *Il est impossible de tirer une ligne droite d'un point à un autre*, n'est pas une vérité premiére intellectuelle, ni comprise sous une ou plusieurs vérités premiéres intellectuelles; on dira qu'il est possible intellectuellement qu'une ligne droite soit tirée d'un point à un autre.

XVI. Tout possible intellectuel ne se réduit pas en effet.

XVII. Le monde est un possible intellectuel réduit en effet.

On appelle ici la Nature, la disposition des choses qui composent le monde de la sorte qu'elles sont disposées à produire leurs mouvemens, agir, & recevoir les effets les unes des autres comme elles font, pendant toute la durée du monde, & dans toute son étenduë.

XVIII. Même ou semblable cause naturelle, & semblablement disposée, en un sujet même ou semblable & semblablement disposé, produit un semblable effet.

XIX. Les causes posées, l'effet se fait naturellement au sujet disposé.

Possi-

Possible naturel est, ce dont les causes sont en la nature, ce qui arrive d'ordinaire, & qui n'est pas au dessus du pouvoir de la nature; comme, il est possible naturellement qu'il pleuve, qu'il se fasse un tremblement de terre, qu'un homme marche, &c.

XX. Tout possible intellectuel n'est pas possible naturel; mais tout possible naturel est aussi possible intellectuel.

XXI. Tout possible naturel ne se reduit pas en effet.

Une chose sera appellée naturellement possible, quand une semblable a été faite.

XXII. Il y a quelque chose dans les substances sensibles naturelles, qui est comme le fondement & l'appui de leurs qualités, & qui ne se perd point, quoique les qualités se perdent, & qu'une substance devienne une autre; comme, la terre & l'eau se convertissent en blé, le blé en pain, le pain en sang, le sang en chair, la chair en feu ou en terre, &c. Or cette chose qui reçoit successivement les qualités du blé, du pain, du sang, &c. je l'appelle la matiére des substances.

XXIII. Les effets ne sont pas avant leurs causes, & tout effet a une ou plusieurs causes.

XXIV. Il n'y a pas en même tems une subordination infinie de causes naturelles d'un même effet; mais chaque effet a une ou plusieurs causes premiéres, ou du moins, on ne peut aller à l'infini dans la recherche des causes naturelles d'un même effet.

XXV. Les causes ne font leurs effets que sur ce qui est capable de les recevoir, & suivant qu'il est disposé.

XXVI. Il y a une suite de causes & d'effets en la nature, suivant laquelle les choses naturellement possibles se reduisent en effet: comme, le soleil fait élever l'eau en vapeurs; les vapeurs épaissies & condensées dans l'air retombent en pluië; la pluië fait croître les herbes; les herbes nourrissent les animaux; & ainsi de suite.

On appellera possible selon l'ordre de la nature, ce qui doit se réduire en effet suivant cette suite de causes.

XXVII. Il y a des causes naturelles qui s'empêchent les unes les autres; mais les effets se font suivant les plus fortes. Comme, l'eau ne monte point, parce qu'elle est plus pesante que l'air; mais étant poussée dans une pompe, elle monte: l'air échauffé se dilate; mais s'il est pressé & retenu dans quelque corps solide, il demeure au même état de condensation.

XXVIII. Il y a de la différence d'être possible selon l'ordre de la nature & la suite des causes naturelles, & d'être possible de la simple possibilité naturelle: comme, il est possible de la simple possibilité naturelle qu'un dé bien fait qu'on laisse tomber sur une table, se tourne sur quel que ce soit de ses faces; mais suivant la suite des causes, il y en a une déterminée.

XXIX. La plupart des qualités naturelles ne sont autre chose que la dispo-

diſpoſition de la matiére à faire & recevoir de certains effets : ainſi une corde de Luth frappée produit le ſon par le mouvement qu'elle imprime en l'oreille, quoiqu'en la corde il n'y ait aucun ſon, mais ſeulement un mouvement.

XXX. La plupart des qualités naturelles ne nous paroiſſent que ſuivant le rapport que les ſubſtances ont à nous, & à nos ſens; & ſi nos ſens changeoient de diſpoſition, elles nous pourroient paroître d'une autre ſorte : ainſi, le vin ſemble amer en une diſpoſition, & d'agréable ſaveur en une autre; une même choſe ſans changement paroît chaude à ceux qui ont froid, & froide à ceux qui ont chaud. La raiſon eſt, que tout ſentiment eſt un effet que nous recevons par le douziéme principe; mais les effets ne ſe font que ſuivant le rapport des choſes entr'elles par le vingt-cinquiéme, & par conſéquent les choſes ne nous paroiſſent que ſuivant le rapport qu'elles ont à nous & à nos ſens.

XXXI. Le plus & le moins d'une qualité, ſoit apparente ou réelle, nous fait ſouvent donner des noms différens de qualité, quoique ce ne ſoit que la même; comme la petiteſſe & la grandeur, la peſanteur & la legéreté, la viteſſe & la lenteur. La raiſon eſt, que, comme nous participons à ces qualités, elles ne nous paroiſſent pas telles qu'elles ſont abſolument & en elles-mêmes, mais ſeulement par comparaiſon. Ainſi nous appellons ſans ſaveur, l'eau qui eſt moins ſalée que notre langue; & froide, celle qui eſt moins chaude que notre main; quoique réellement l'une ſoit ſalée & l'autre chaude : de même, l'air eſt dit leger au reſpect de l'eau, parce que l'eau tend en bas avec plus de violence, & chaſſe l'air en haut; mais ſi on mettoit de l'air au deſſus d'un corps plus leger, il pourroit deſcendre & paroître peſant.

Qualité eſſentielle d'une ſubſtance, eſt celle ſans laquelle elle n'auroit pas le nom qu'elle a : comme, la lumiére & la chaleur ſont des qualités eſſentielles au feu; car une ſubſtance ne ſera pas appellée feu, ſi elle n'a ni chaleur ni lumiére.

Qualité accidentelle eſt une qualité qui peut être & n'être pas en une ſubſtance, ſans changer ſon nom de ſubſtance qu'elle a pour d'autres qualités : comme, la blancheur eſt une qualité accidentelle à un homme; car on ne l'appelle pas homme à cauſe de la blancheur. On peut comprendre auſſi ſous le nom d'accident, ou qualité accidentelle, ou attribut, ce qui arrive à une choſe & la concerne en quelque ſorte que ce ſoit, lors qu'elle en a quelque nom : comme, lors qu'une choſe eſt dite vieille ou nouvelle, éloignée ou proche; & qu'un homme eſt dit être aſſis ou debout, être vêtu, nu, embarqué, armé, &c.

Qualité propre ou propriété, eſt une qualité qui ne faiſant point donner le nom, ſe trouve en une ſubſtance particuliére, & non dans les autres; comme, les facultés de rire & de parler ſont des qualités propres aux hommes.

XXXII. Quelque choſe que ce ſoit, n'eſt autre choſe qu'elle même:

me : mais beaucoup de choses ont divers noms de substance, à cause de diverses qualités qui sont en elles ; comme, on dit d'un Aigle, que c'est une substance, un corps, un animal, un oiseau, un aigle.

Lorsque plusieurs choses différentes & qui ont des noms différens, ont quelque chose de semblable qui leur fait donner un nom commun de substance, elles seront dites être d'un même genre à l'égard de leur nom commun, & être des espéces de ce genre, à l'égard de leurs noms différens : comme, un Aigle & un Cigne, qui ont le nom commun d'oiseau, à cause de quelques choses qui leur sont communes, comme de voler, d'avoir des plumes, &c. seront dits être du genre des oiseaux, & chacun d'eux être une espéce d'oiseau ; les roses & les tulippes seront dites être du genre des fleurs, & chacune d'elles être une espéce ou sorte de fleur.

On dira la même chose des qualités différentes qui tombent sous un même sens, ou qui ont quelque autre chose semblable qui leur fait donner un nom commun : comme, la blancheur & la rougeur sont des espéces de couleur ; & l'aigreur & l'amertume, des espéces de saveur.

XXXIII. Toutes les choses sont particuliéres, & l'une n'est pas l'autre, quoiqu'elles ayent des noms communs de genre ou d'espéce : quelques-unes ont des noms qui denotent leur individuité, c'est à dire, leur particularité ou singularité, comme le Soleil, la Lune, Platon, Bucéphale, &c : la plupart n'en ont point ; mais on peut les distinguer, en disant par exemple, ce cigne, ce cheval, cette épée, cette maison, &c.

XXXIV. Une qualité est naturelle à une chose, lorsque, rien d'externe n'agissant sur elle, elle conserve cette qualité, ou la reprend, lorsque ce qui la lui avoit fait perdre, est éloigné ou ôté : mais si par l'éloignement de quelque cause externe, quelque chose perd une qualité, cette qualité n'est pas naturelle a cette chose qui la perd.

XXXV. Nos sens ne discernent point avec exactitude les petites différences des choses entr'elles ; comme, la vûë ne peut discerner si l'aiguille d'une montre est en mouvement ou non, si une ligne est exactement droite, si une surface est parfaitement plane & polie, &c.

Signes d'une chose sont ses causes, ses effets, ce qui la précéde, la suit & l'accompagne d'ordinaire.

XXXVI. On ne peut pas assurer avec une certitude entiére, qu'une chose soit une telle substance, ou une telle qualité ; ou qu'elle produise un tel effet, si étant supposée une autre chose possible, on pourroit avoir dans une disposition possible, de semblables signes, & apparences de l'une que de l'autre.

XXXVII. Quoiqu'il paroisse plusieurs signes d'une chose, s'il en paroît un seul qui n'y puisse convenir, ou si un qui devroit nécessairement paroître ne paroît pas, ce n'est pas cette chose : comme, encore que le salpétre ait beaucoup de signes de l'eau glacée, on jugera que ce n'en est pas, quand on verra qu'il excite de petites flammes bleuës, en le mettant sur un charbon ardent ; car c'est un signe qui ne convient point à l'eau glacée.

XXXVIII. Les propositions sensibles universelles, comme, *l'eau éteint le feu*, *les hommes de l'Europe sont blancs*, dépendent des particuliéres, & ne sont connuës vraiës que par elles ; & sont fausses, lors qu'une particuliére est contraire.

XXXIX. Les propositions sensibles universelles par lesquelles on énonce des effets & des qualités essentielles, ne sont pas moins certaines que les particuliéres : comme, la proposition universelle, *tout animal est vivant*, n'est pas moins certaine que la particuliére, *cet animal est vivant* ; car d'autant que le nom d'animal est donné à cause de la vie, en sorte que rien ne peut être dit animal, s'il n'est vivant, il faut de nécessité que tout animal soit vivant.

XL. Lorsque les sens étant bien disposez, une chose ne paroît pas en un lieu où elle paroitroit si elle y étoit, la proposition qui assure que cette chose est en ce lieu, sera tenuë pour fausse ; comme, s'il ne paroìt aucune chose sur une table bien unie & bien éclairée, la proposition qu'il y a un Livre ou une grosse pierre sur cette table, sera tenuë pour fausse : on appellera ces sortes de propositions & celles qui nient l'existence d'une chose qui nous paroît évidemment, faussetés premiéres sensibles.

PRINCIPES DES PROPOSITIONS VRAI-SEMBLABLES.

IL est manifeste que nous n'avons pas toujours le tems, les occasions & les autres moyens pour bien examiner & connoître toutes les qualités essentielles, & les circonstances des choses ; qu'il y a des qualités & des effets semblables qui conviennent à des choses différentes, comme la blancheur à la neige, au sel & au sucre, la lumiére au Soleil & au feu ; & que nous n'avons jamais une certitude entiére & infaillible, que nos sens soient bien disposez ; outre que quelques causes secrétes changent quelquefois les apparences ordinaires ; & qu'en dormant, ou étant en de certaines dispositions extraordinaires, il nous paroît des choses qui ne nous paroissent pas, ou nous paroissent d'une autre sorte quand nous sommes éveillez, & en une autre disposition : & cependant nous sommes souvent obligez de faire quelques actions, & de les régler par des propositions fondées sur des signes & des apparences de cette sorte, quoiqu'elles puissent être fausses ; comme en voyant seulement la figure & la couleur d'une pomme, on ne laisse pas de la prendre pour la manger : En ces cas, on dira qu'il faut croire une proposition, & qu'elle est vrai-semblable, lorsque n'étant pas infaillible, elle a plus de signes & d'apparences, ou est plus souvent reconnuë véritable que sa contraire.

XLI. Les propositions vrai-semblables ne doivent être reçuës qu'au défaut des propositions certaines ou prouvées, & quand nous sommes obligez de faire quelque action de nécessité.

XLII. Il y a de ces propositions dont la vérité est si souvent reconnuë, & dont les contraires ont si peu de possibilité, qu'elles sont presque tenuës pour certaines : comme, si on rouloit ensemble 10000 dez bien faits, la proposition qui asseureroit qu'ils ne se tourneroient pas tous sur la face marquée de l'unité, seroit comme certaine, quoiqu'elle ne fût pas absolument infaillible.

XLIII. Toutes les fois qu'il nous semble être éveillez, si faisant réflexion sur tout ce qui nous paroît, nous ne trouvons rien de contraire à la suite des causes & des effets naturels qui nous sont connus; il faut croire que nous sommes éveillez, que nous faisons véritablement la plupart des actions qu'il nous semble faire, & que la plupart des choses qui nous paroissent alors ont une existence réelle & positive.

XLIV. Lors qu'il y a plus de signes d'une chose que d'une autre, il faut conclure pour le plus grand nombre de signes, s'ils sont également considérables.

XLV. Il faut croire qu'une chose arrivera plutôt qu'une autre, quand elle a plus de possibilités naturelles, ou qu'une semblable est arrivée plus souvent : comme, en roulant sur une table trois dez bien faits, il faut croire, & il est vrai-semblable, qu'on fera plutôt dix que quatre, parce qu'on peut faire dix en plus de sortes que quatre.

XLVI. Les propositions sensibles universelles qui asseurent des effets & des qualités non essentielles, si elles sont fondées sur une ou plusieurs vérités premiéres sensibles, sont certaines en un même ou semblable sujet & semblables circonstances, par le principe 18 : Comme, si on a observé qu'une pierre jettée en l'air retombe ; la proposition qu'une pierre jettée en l'air retombera, sera certaine à ceux qui en ont fait l'observation, pourvû qu'il n'y ait point de causes contraires qui empêchent cet effet, selon le principe vingt-septiéme. Mais lors qu'on n'est pas assuré si les causes, les sujets, & les circonstances sont entiérement semblables, la proposition sera seulement vrai-semblable : Comme, si on a vu de l'eau éteindre du feu, on tiendra pour vrai-semblable que toute eau éteindra tout feu dans la quantité suffisante, jusques à ce que le contraire paroisse par une vérité premiére sensible, auquel cas il faudra distinguer la proposition universelle, comme ; l'eau éteint le feu ordinaire, mais non pas le feu de camphre ; quelque miel est poison, quelque miel est bon à manger ; une pompe éléve l'eau par aspiration de la hauteur de trente piés, mais si l'eau est plus basse que quarante piés, elle ne peut l'élever.

XLVII. Il est vrai-semblable que les causes qui auront du rapport entr'elles feront des effets ou ſemblables, ou qui auront du rapport entr'eux, & feront proportionnés à leurs cauſes : comme, ſi on a obſervé que les rayons du ſoleil ſe rompent en paſſant de l'air dans l'eau, il ſera vrai-ſemblable que ceux d'une chandelle y paſſant ſe rompront auſſi ; & s'ils ſe rompent en entrant dans du verre, il ſera vrai-ſemblable qu'ils ſe rompront en entrant dans du criſtal, ou ſemblablement, ou plus ou moins.

XLVIII. Lors qu'une choſe étant poſée, il ſe fait un effet ; ou qu'étant ôtée, l'effet ceſſe ou ne ſe fait pas ; ſi cette choſe eſt reconnuë ſuffiſante pour cet effet, quoiqu'on n'ait pas une connoiſſance certaine que toute autre choſe ſoit poſée ou ôtée, ſelon les conditions du principe onziéme, on tiendra pour vrai-ſemblable que cette choſe eſt la cauſe, ou une des cauſes de cet effet, juſques à ce qu'on découvre une autre choſe à laquelle les conditions de cauſe de cet effet conviennent mieux. Ainſi on tiendra pour vrai-ſemblable que les fontaines procédent de la pluïe, parce que quand il pleut beaucoup, les fontaines naiſſent ou augmentent ; qu'elles diminuënt ou ceſſent ordinairement à proportion qu'il ceſſe de pleuvoir ; & que la pluïe eſt ſuffiſante pour les produire ; quoiqu'on ne ſoit pas certain s'il n'y a point quelqu'autre cauſe ſecréte qui aide à les produire.

XLIX. Lors qu'en recherchant la ſuite des cauſes pour expliquer & rendre raiſon de quelques effets naturels, on en trouve une dont on ne peut donner aucune cauſe qui ſoit certaine & évidente, on s'en ſervira comme d'une cauſe premiére naturelle pour prouver & expliquer ces effets ; & la propoſition qui énoncera la vérité de cette cauſe, ſervira de principe pour prouver les effets qu'elle produit, pourvû que cette propoſition ſoit reconnuë véritable par pluſieurs expériences, ſans qu'aucune y contrevienne. Comme, ſi on a remarqué que les miroirs concaves oppoſez au Soleil, mettent en feu les matiéres combuſtibles, qui ſont proches d'un certain point qu'on appelle le foyer du miroir ; & qu'on ait jugé que cet effet procéde de ce que la lumiére du Soleil qui tombe ſur le miroir, ſe rëunit & ſe raſſemble par reflexion à l'entour de ce point ; & qu'on ait trouvé enſuite que ce dernier effet procéde de ce que les angles de reflexion des rayons lumineux, ſont toujours égaux aux angles de leur incidence, ſans qu'on puiſſe trouver une cauſe certaine & évidente, pourquoi ces angles ſont toujours égaux : on prendra pour principe ou propoſition fondamentale, cette propoſition, *L'angle de reflexion des rayons eſt égal à l'angle de leur incidence* ; pourvû qu'on en ait fait pluſieurs expériences, ſoit ſur des miroirs plans, ſoit ſur des convexes, &c. La raiſon eſt, que puiſque par le vingt-quatriéme principe nous ne pouvons aller à l'infini dans la recherche des cauſes naturelles, nous devons nous arrêter à la plus éloignée qui nous paroît certaine & évidente, lors qu'elle peut ſervir à expliquer & rendre raiſon de pluſieurs effets, juſques à ce qu'on découvre une autre cau-

cause certaine & évidente de laquelle elle dépende. On appellera Loix ou Régles de la Nature, ou Principes naturels, les propositions qui assûrent des choses & des effets naturels qui n'ont point de causes qui soient évidentes & certaines, & qui sont causes d'autres effets : mais ces propositions ne sont pas des vérités premiéres intellectuelles ou sensibles, mais seulement des propositions fondamentales ou principes seconds; parce que leur connoissance & certitude dépend des observations & expériences, & du principe dix-huitiéme. On peut aussi appeller ces propositions qui ne sont connuës vraiës que par l'expérience, & qui servent à en prouver d'autres, Principes d'expérience; comme, *les rayons qui passent obliquement de l'air dans l'eau, font une inflexion ou refraction en entrant dans l'eau, & ne vont plus selon les mêmes lignes droites.*

L. Les principes d'expérience qui assûrent un effet précisement d'une certaine sorte, seront reçus selon cette précision, si par plusieurs différentes observations on n'a jamais remarqué cet effet d'une autre sorte, & qu'il ne puisse être que de cette sorte, ou d'une autre contraire; encore que selon le principe trente-cinquiéme, on ne puisse discerner par les sens cette précision avec une entiére exactitude. Comme, si on a remarqué que les rayons du Soleil s'étendent en lignes droites par un même milieu transparent, & qu'on n'y ait jamais remarqué de courbure; on tiendra pour Principe d'expérience ou loi de la nature, que les rayons du Soleil s'étendent précisément en lignes droites par un même milieu transparent. Mais on ne peut pas prendre pour principe d'expérience, que les sinus des angles d'incidence & de refraction des rayons qui passent de l'air dans l'eau, soient entr'eux précisément comme trois à quatre; mais seulement à peu près : puisqu'on ne sçait pas, & qu'on ne peut remarquer si cette raison n'est pas comme de trois à quatre plus ou moins $\frac{1}{100}$. ou $\frac{1}{1000}$. ou $\frac{1}{2000}$. &c.

LI. Quand plusieurs personnes, sans avoir communiqué ensemble, assûrent séparément d'une même façon & avec les mêmes circonstances, un effet arrivé en la nature, il faut croire la vérité de cet effet, comme une vérité premiére sensible. Car, comme il y a une infinité de diverses pensées possibles, il est très-difficile que plusieurs hommes ayent la même pensée pour un même objet avec toutes les mêmes circonstances, s'il n'est véritablement tombé sous leurs sens; quoiqu'il ne soit pas absolument impossible.

LII. Quand quelqu'un assûre, par diverses fois & en divers tems, de même façon, & avec plusieurs mêmes circonstances & nulle différente, un effet arrivé en la nature, il faut croire vrai-semblablement que cet effet lui a paru; si l'on ne sait aucune chose par laquelle il ait reçu une fausse créance, ou aucun sujet pour lequel il doive faire cette proposition contre sa pensée.

On appellera Systême d'une chose, la façon dont on suppose qu'elle est

eſt pour expliquer ſes effets, ſignes & apparences, & en rendre raiſon: Comme, lorſque pour expliquer les mouvemens des aſtres & leurs apparences, les uns ſuppoſent que la terre eſt immobile, & que le Soleil & les étoiles tournent à l'entour de la terre; & les autres, que le Soleil & les étoiles fixes ſont immobiles, & que les planétes & la terre tournent autour du Soleil: ce ſont des Syſtêmes differens qu'ils ſuppoſent, ſoit que le Ciel ſoit diſpoſé & faſſe ſes mouvemens de cette ſorte précisément, ou non. Quelques-uns poſent pour Syſtême des choſes ſublunaires, qu'il y a quatre Elemens dont tous les autres corps ſont compoſez, ſavoir le feu, l'air, l'eau, & la terre: quelques-uns y ajoutent le ſel, le ſouphre, & le mercure, qu'ils appellent les principes des Corps; & il y en a pluſieurs qui croyent que ces deux Syſtêmes ſont faux, & que toutes les ſubſtances matérielles ſont compoſées de pluſieurs petits Corps indiviſibles de différentes grandeurs & figures, qu'ils appellent des Atomes.

LIII. Une hypothêſe d'un Syſtême eſt plus vrai-ſemblable que celle d'une autre, lorſqu'en le ſuppoſant, on rend raiſon de toutes les apparences, ou de plus grand nombre d'apparences, plus exactement, plus clairement, & avec plus de rapport aux autres choſes connuës; mais s'il y a une ſeule apparence qui ne puiſſe convenir à une hypothêſe, cette hypothêſe eſt fauſſe ou inſuffiſante.

PRINCIPES ET PROPOSITIONS FONDAMENTALES DE LA MORALE.

ON appelle ici plaiſir tout ſentiment agréable que nous recevons; ſoit par le moyen des ſens, comme celui qui procéde du goût d'une douce ſaveur; ſoit par l'eſprit & l'imagination, comme celui que nous recevons d'être louez, d'avoir gagné une bataille, d'avoir acquis une perfection nouvelle: & les ſentimens deſagréables ſont ici appellez douleurs ou déplaiſirs.

LIV. Les plaiſirs & les douleurs que nous ſentons, nous les ſentons véritablement, quelles qu'en puiſſent être les cauſes.

Les choſes & les actions qui nous cauſent du plaiſir, ſont ici appellées nos biens, entant qu'elles nous cauſent du plaiſir; & celles qui nous cauſent de la douleur, ſont appellées nos maux, entant qu'elles nous cauſent de la douleur.

LV. Une même choſe ou action n'eſt pas un même bien ou mal aux perſonnes diverſement diſpoſées; & ce qui eſt bien à un, peut être mal à un autre.

LVI. A cauſe du ſentiment que nous avons des plaiſirs & des douleurs, ou pour quelqu'autre cauſe que ce ſoit, nous concevons ou énonçons des propoſitions, que nous faiſons les régles de nos actions; comme, me, *de deux maux dont l'un ou l'autre est nécessaire, il faut fuir le plus grand; il faut préférer l'honneur à la vie.* On appellera ces propositions, Propositions Morales.

LVII. Il y a de ces propositions qui sont reçuës sans qu'on en puisse douter; comme, *il faut faire ce qui est le mieux:* on les appellera Propositions Morales premiéres, ou Principes du devoir.

LVIII. Une action est prouvée devoir être faite, lors qu'on montre qu'elle est conforme à des propositions morales premiéres, ou à des propositions prouvées par des propositions morales premiéres.

LIX. Lors qu'un bien ou un mal nous paroît, soit par le moyen des sens, soit par le moyen de l'imagination & de la mémoire; il s'excite en nous des mouvemens par lesquels nous sommes émus autrement que nous ne le sommes d'ordinaire: on appellera ces mouvemens, passions.

LX. Les principales passions qui concernent le bien, sont; l'amour, qui est une passion qui s'excite en nous, lorsque nous avons la connoissance qu'un objet nous donne ou nous peut donner du plaisir; le désir, qui nous excite à suivre les objets que nous aimons, & que nous ne possédons pas; & la joië, par laquelle nous sommes émus en la jouissance & possession de ce que nous aimons.

LXI. Les principales passions qui concernent le mal, sont; la haine, contraire à l'amour; l'aversion, contraire au desir; & la tristesse, contraire à la joië. La joië s'excite aussi en nous, lorsque nous avons évité un mal, ou que nous en sommes délivrez; & la tristesse, lorsque nous perdons un bien.

LXII. Lorsque nous croyons vrai-semblablement que nous obtiendrons un bien ou que nous éviterons un mal que nous avons crû certain, il s'excite en nous une passion qui a quelque raport à la joië; elle est appellée espérance: la passion contraire peut être appellée défiance, crainte, ou désespoir.

LXIII. Si quelque chose nous cause un mal, ou nous empêche d'obtenir un bien, il s'excite en nous une passion violente, par laquelle nous sommes émus & fortifiez à repousser cet empêchement, ou à détourner ce mal: on appellera cette passion, colére.

On appelle ici action volontaire, celle à laquelle notre volonté se portant, nous la faisons; & ne s'y portant pas, nous ne la faisons pas de nous mêmes: comme, jetter une pierre, parler, &c. Et action involontaire, celle qui se fait en nous, ou que nous faisons, quelque volonté que nous ayons au contraire; comme, le battement du cœur, le mouvement du bras, quand quelqu'un nous le remuë par force.

LXIV. Les mouvemens de l'imagination & de la mémoire se font quelquefois sans dessein, & même malgré la volonté; mais souvent on les excite volontairement, comme lorsque l'on compose des vers, qu'on fait le projet d'un tableau ou d'un bâtiment, qu'on invente une démonstration, &c.

LXV. La mémoire d'un objet en excite la paſſion : mais quelquefois la paſſion excite la mémoire & l'imagination ; comme, lors qu'on a eu une extrême triſteſſe, il peut arriver que quelque tems après, un ſemblable mouvement de triſteſſe s'excitera en nous, ſans penſer à l'objet qui l'a cauſée, & qu'enſuite nous nous en ſouviendrons : & ce qui fait que nous reconnoiſſons les choſes que nous avons déja vuës, procéde de ce que la ſeconde vûë excite en nous des mouvemens ſemblables aux mouvemens que la premiére y avoit excitez ; & la comparaiſon que nous faiſons de ces deux mouvemens, & des paſſions qu'ils produiſent, laquelle nous les fait paroître ſemblables ou proportionnés, forme la reconnoiſſance.

LXVI. La volonté ne ſe porte qu'au bien connû, ou crû tel par le ſens, ou par l'imagination, ou par le raiſonnement.

LXVII. La créance qu'une choſe ſoit ou ne ſoit pas, ne dépend pas de la volonté ; toutefois nous pouvons exciter volontairement l'imagination d'une choſe, & cette imagination fait naitre en quelque façon la créance.

LXVIII. Nous croyons ordinairement & naturellement ce qui tombe ſous nos ſens, & par la même raiſon ce qui nous paroît en ſonge, lorſque nous ſongeons. On croit encore bien ſouvent les choſes qui ſont repréſentées par des peintures, ou par des diſcours vrai-ſemblables : car nous en concevons des idées à peu près comme ſi elle tomboient ſous nos ſens ; & la créance d'un homme en fait naître ſouvent une ſemblable dans l'eſprit d'un autre, lors qu'il lui repréſente comme vraië & avec paſſion, la choſe qu'il croit.

LXIX. Il eſt poſſible que les apparences qui nous arrivent en dormant ou dans un délire, ſoient auſſi fortes & auſſi claires que celles qui procédent des véritables ſenſations ; & qu'on croye avoir ſongé ce qu'on a vû, & avoir vû ce qui a paru en ſonge.

LXX. La créance peut être contraire aux apparences, & il n'y a rien de ſi peu vrai-ſemblable où la créance de quelqu'un ne ſe puiſſe naturellement porter : & ce qui a paru vrai aux ſens & à la raiſon, n'eſt pas toujours crû.

LXXI. Il n'y a rien de ſi mauvais à la plupart des hommes, où la volonté de quelqu'un ne ſe puiſſe naturellement porter ; ni rien de ſi bon que quelqu'un ne puiſſe haïr.

LXXII. Les paſſions d'amour & de haine, & la créance, ſe changent difficilement en leurs contraires : parce qu'un mouvement en empêche un autre ; & que lorſque l'imagination eſt accoutumée à recevoir l'idée d'un objet d'une certaine maniére, il eſt difficile de lui imprimer une idée contraire ou diſſemblable pour le même objet.

LXXIII. Celui qui croit être content & heureux l'eſt, lors qu'il le croit ; & on ne peut l'être, ſi on ne le croit.

LXXIV. Les biens & les maux ne nous touchent pas ſelon la proportion

portion de la grandeur des choses ou des actions qui sont nos biens & nos maux : & les petits sujets de plaisir & de douleur nous donnent souvent autant de plaisir & de douleur, que les plus grands.

LXXV. Il y a de deux sortes principales de plaisirs de l'esprit ; ceux de l'honneur, comme d'être louez & aimez, d'être plus parfaits, & d'avoir plus de pouvoir que les autres ; & ceux de convenance, comme celui qu'on reçoit de la lecture d'une belle poësie, de la vûë d'une maison bien faite suivant les régles de l'Architecture : c'est à dire que notre esprit se plaît principalement à l'honneur qu'on nous rend, & à la convenance, symmétrie, ou proportion des choses. Le deshonneur, & la disconvenance ou difformité, sont les principaux déplaisirs de l'esprit.

Une même action est appellée naturelle, quand elle est considérée en elle-même ; & morale, entant qu'elle concerne nos mœurs & nos passions, & qu'elle se rapporte au bien ou au mal que nous recevons, ou que nous faisons recevoir aux autres : comme, battre quelqu'un, entant qu'on remuë le bras, est une action naturelle ; & entant qu'on veut lui faire du mal & qu'on le frappe, par vengeance ou par quelque autre passion, c'est une action morale.

LXXVI. Il y a de certaines actions lesquelles entant que morales, nous paroissent d'ordinaire avoir de la convenance & être bien faites, & elles sont estimées & louées, soit parce qu'elles marquent quelque grandeur & perfection en ceux qui les font, soit par quelque intérêt que nous y prenons, ou pour quelque autre cause ; comme, donner quelque chose libéralement à un autre qui en a besoin, défendre ses amis à qui on fait injure, rendre à un autre ce qui lui appartient. On appelle ces actions bonnes & vertueuses : & ceux qui les pratiquent souvent, sont appellez hommes de bien & vertueux, & ils en reçoivent de l'honneur & de l'estime.

LXXVII. Il y a des actions morales qui paroissent disconvenantes & difformes, & sont blâmées, soit parce qu'elles font du mal à autrui, auquel nous prenons interêt, ou parce qu'elles marquent quelque bassesse & imperfection en ceux qui les font ; comme, dérober, tuer, s'enivrer : Ces actions, entant que morales, sont appellées méchantes & vicieuses ; & ceux qui les font, entant qu'ils les font, sont appellez méchans & vicieux, & ils en reçoivent du blâme.

LXXVIII. Il y a de la difformité ou disconvenance à manquer à ce qu'on a promis de gré à gré en choses réciproques.

LXXIX. Il y a de la disconvenance à rendre le mal pour le bien.

LXXX. La possession d'une chose qui sert à obtenir un bien, est tenuë pour un bien : on l'apelle bien utile ou bien d'espérance. Ainsi les richesses sont un bien utile & d'espérance, parce qu'on espére d'obtenir la plupart des biens par leur moyen ; comme, l'honneur, la bonne chére, &c : & cette espérance de beaucoup de biens est d'ordinaire préférée à tout autre bien particulier.

LXXXI. Les actions vertueuses, entant qu'elles ont de la convenance, & nous rendent plus parfaits, sont un bien d'elles-mêmes; & entant qu'elles nous font obtenir les plaisirs de l'honneur, ou quelques autres biens, elles sont un bien utile & d'espérance.

LXXXII. Lors qu'une passion pour un bien, nous a fait perdre un autre bien, ou causé un mal; ce bien étant obtenu, la passion cesse: & la perte de l'autre bien, ou le mal, nous afflige & nous fait blâmer la premiére passion; on appellera cette tristesse, regret ou repentir.

Devoir de convenance est celui suivant lequel nous faisons les actions de vertu, & que nous exprimons par de certains principes moraux fondez sur la convenance; comme, *il faut tenir ce qu'on a promis*, *il ne faut pas faire ce que nous ne voudrions pas qu'on nous fit.*

Devoir naturel est celui suivant lequel nous suivons notre plus grand bien apparent, ou nous fuyons notre plus grand mal apparent, soit que les actions qui font obtenir le bien ou qui font éviter le mal, soient disconvenantes ou non: lequel devoir nous exprimons par ces principes; *il faut suivre ce qui nous est le meilleur*, *il faut suivre notre plus grand bien.*

D'autant qu'il y a diverses sortes de biens dont quelques uns sont incompatibles, car les plaisirs des sens sont souvent contraires à ceux de convenance & d'honneur; que de la jouissance de l'un suit quelquefois la perte de l'autre; que les petits biens font souvent naître de grands maux, & les petits maux de grands biens; & qu'une même chose ou une même action peut causer du bien & du mal; que chacun n'estime pas également les mêmes biens & les mêmes maux, car les uns aiment plus ardemment l'honneur, & les autres les biens sensibles; & qu'une même personne, en divers tems, occasions & dispositions, change d'inclination & de volonté: nous sommes obligez, pour bien guider nos passions, éviter le repentir, & régler les actions qui nous font obtenir les biens & éviter les maux, de nous servir des propositions appellées vérités morales premiéres, ou principes du devoir, ou maximes de politique, telles que sont les suivantes.

LXXXIII. Il faut faire ce qui est le mieux, ou qui nous est le meilleur.

LXXXIV. De deux maux dont l'un ou l'autre est inévitable, il faut fuir le plus grand.

LXXXV. De deux biens inégaux & incompatibles, il faut choisir le plus grand, & de deux égaux le plus durable.

LXXXVI. Il ne faut pas que la possession d'un petit bien empêche celle d'un plus grand bien, ou cause un plus grand mal.

LXXXVII. Il ne faut pas, en recherchant les moyens pour obtenir un bien, perdre le bien même.

LXXXVIII. Tout bien qui n'est pas contraire à un autre bien, & dont il ne suit point de mal, il le faut suivre.

LXXXIX. Lors qu'il y a plusieurs moyens pour obtenir un bien ou pour éviter un mal, il ne faut pas demeurer long-tems dans l'incertitude du choix, si le retardement peut faire perdre le bien, ou rendre le mal inévitable.

XC. Un bien commun n'est considérable à chaque particulier, qu'entant qu'il en est participant, ou qu'il lui cause un autre bien.

XCI. Si deux biens futurs égaux sont proposez, il faut suivre celüi qui le plus vrai-semblablement doit arriver.

XCII. Si les possibilités d'un bien surpassent d'autant celles d'un autre bien, que sa bonté est surpassée par celle de l'autre, ils sont également à suivre.

XCIII. Si un mal surpasse d'autant un autre mal, que les possibilités de ce dernier surpassent celles de l'autre, ils sont également à éviter.

XCIV. Si plusieurs biens sont proposez d'un côté, & un d'un autre, qui ne soit pas plus grand que l'un d'eux, & qu'ils soient également possibles; il faut suivre le plus grand nombre.

XCV. Si plusieurs maux sont proposez d'un côté, & un d'un autre, qui ne soit pas plus grand que l'un d'eux; il vaut mieux souffrir celui qui est seul.

Un bien est dit égal à un mal, lors qu'étant joints ensemble, il est indifférent de les suivre, ou de les fuïr.

XCVI. Lors qu'en une même chose ou action, il y a plusieurs commodités & incommodités, ou plusieurs biens & maux, il faut compenser les biens par des maux égaux; & s'il reste du bien, il faut suivre cette chose ou cette action; si du mal, il la faut fuïr.

XCVII. Ce n'est pas la grandeur ou le nombre des choses qu'il faut considérer en l'élection des biens & des maux; mais la grandeur des plaisirs & des douleurs qu'elles nous causent.

XCVIII. Si deux biens sont égaux, dont l'un soit présent, & l'autre à venir; il faut préférer le présent, à cause de l'incertitude de l'avenir.

XCIX. Si d'un bien de peu de durée suit nécessairement un mal qui lui soit égal, & d'égale ou plus grande durée, ou un mal médiocre de très longue durée, il ne faut pas rechercher la possession de ce bien; parce que la crainte du mal à venir diminuë le bien présent, & que le bien étant cessé, sa perte nous afflige.

C. Si d'un mal de peu de durée suit nécessairement un bien qui lui soit égal, & d'égale ou plus grande durée, ou un bien médiocre de très longue durée; il faut suivre ce mal, s'il ne nous cause aucune imperfection: parce que l'espérance du bien qui en doit arriver, est un bien qui diminuë le sentiment de ce mal; & que le mal étant cessé, la mémoire en est agréable.

ESSAI DE LOGIQUE.

SECONDE PARTIE,

Contenant la méthode qu'il faut suivre pour faire de bons raisonnemens.

ON se sert du raisonnement, ou pour s'instruire soi-même, ou pour instruire les autres, & refuter leurs fausses opinions.

Ceux avec lesquels on raisonne, sont; ou des Esprits subtils & dociles, qui comprennent facilement les connexités des propositions, & qui ne s'obstinent point à soutenir un faux raisonnement; ou des Esprits grossiers, qui ont peine à comprendre la liaison des propositions; ou des Esprits contentieux & préoccupez de fausses opinions, qui contestent même les verités, après qu'elles leur sont connuës. C'est ce qu'il faut considérer lors qu'on entreprend de convaincre les uns ou les autres.

Cette *seconde* Partie est divisée en quatre Discours.

Le *premier* contient quelques régles pour nous rendre intelligibles dans nos raisonnemens.

Le *second* contient des préceptes pour chercher & pour trouver les principes & les propositions fondamentales qui doivent servir à la preuve des propositions douteuses.

Dans le *troisiéme*, on enseigne à faire les argumens, & comme il faut disposer & mettre en ordre ceux qui peuvent servir à l'établissement de quelque science.

Et enfin dans le quatriéme, on donne des régles pour connoître les faux raisonnemens, & les autres causes de nos erreurs, afin de ne s'y laisser pas surprendre.

PREMIER DISCOURS.

De ce qu'il faut observer pour se rendre intelligible.

NOus sommes obligez quand nous raisonnons avec les autres, de leur faire entendre & comprendre nos raisonnemens.

Nos

Nos raiſonnemens ſont compoſez de diverſes propoſitions, & les propoſitions de divers noms ou mots.

En toute propoſition, on attribuë une choſe ou une action à une autre choſe, ou l'on nie qu'elle lui convienne: comme, *un homme eſt un animal*; *la Ciguë eſt venimeuſe*; *Pierre ne parle pas*.

Ce qu'on attribuë, s'appelle l'Attribut de la propoſition; & la choſe à laquelle on l'attribuë, s'appelle le Sujet: comme en cette propoſition, *la neige eſt blanche*; la *neige* eſt le ſujet auquel on attribuë la blancheur, & la *blancheur* eſt l'attribut. Ce qu'on nie s'appelle auſſi l'attribut de la propoſition: comme en cette propoſition, *Pierre n'eſt pas vertueux*; n'eſt pas vertueux, eſt l'attribut.

Les noms de ſujet & d'attribut s'appellent les termes de la propoſition: le ſujet eſt appellé le moindre terme; & l'attribut le plus grand terme, parce qu'il eſt ordinairement le plus univerſel.

Il n'y a point de langage ſi parfait qui n'ait quelques obſcurités, & quelques mots qui ſont pris en des ſignifications différentes, ou qui ne ſont pas connus de tous ceux qui uſent de ce langage: c'eſt pourquoi il faut que ceux à qui l'on parle, tâchent de s'accommoder au ſens de celui qui parle, ſuivant la première demande; & que celui qui parle ou qui écrit, ne ſe ſerve, s'il ſe peut, que des noms & des façons de parler les plus intelligibles & les plus en uſage.

Ceux qui uſent d'un même langage, prennent à peu près tous les noms & toutes les façons de parler dans un même ſens; parce que dès l'enfance, par un long uſage de voir les choſes en même tems qu'on les nomme, chacun apprend la vraië ſignification des noms dont on ſe ſert pour ſignifier les choſes qui tombent ordinairement ſous nos ſens.

Il y a donc peu de mots qui ayent beſoin d'explication; & ceux qui parlent en public des choſes ordinaires, ſont peu ſouvent obligés d'expliquer ce qu'ils entendent par les mots dont ils ſe ſervent. *Euclide* n'a pas crû qu'il fallût expliquer la ſignification de beaucoup de mots qu'il employe; comme, *égal*, *plus grand*, *longueur*, *largeur*, *&c.* Et *Dioſcoride* n'a point dit ce qu'il entendoit par les noms de feuille, fleur, racine, fruit, &c.

L'obſcurité des noms procéde, ou de ce qu'un même nom ſignifie des choſes différentes; comme, mineur ſignifie un homme qu'on employe à faire des mines, ou bien un jeune homme qui n'a pas encore atteint un certain âge: ou de ce que des noms différens ſignifient la même choſe, comme un Aſtre & une Etoile; & l'on peut douter ſi c'eſt la même choſe: ou de ce que la choſe qu'on nomme eſt inconnuë; comme lorſque les Géométres parlent des Ellipſes, des Paraboles, des Binomes, &c. à ceux qui ne ſont pas Géometres: ou de ce qu'on donne un nouveau nom à une choſe connuë; & l'on peut ignorer que ce nom lui convienne. En tous ces cas, & en quelques autres où l'on peut ſe tromper en la ſignification d'un mot, ou d'une maniére de parler; il

eſt

eſt preſque toujours néceſſaire que celui qui parle ou qui écrit, explique & donne à connoître quelles ſont les choſes ſignifiées par les noms dont il ſe ſert, en ſorte qu'on puiſſe diſtinguer ces choſes des autres, & qu'on n'en conçoive pas d'autres au lieu d'elles.

La propoſition qui ſe fait pour donner à connoître quelle choſe eſt ſignifiée par le nom ou mot dont on ſe ſert, eſt ici appellée définition; & elle conſiſte à faire connoître cette choſe par le moyen d'autres noms, qui la faſſent diſtinguer de toute autre choſe, & deſquels la ſignification ſoit connuë à ceux à qui l'on parle.

Pour bien faire une définition, il faut ſe régler par les demandes premiére & troiſiéme, & par les propoſitions 8. 31. 32. 33, & par celles qui ſont entre la 31. & la 32. & entre la 32. & la 33.

Si l'on poùvoit faire tomber ſous les ſens les choſes ſenſibles inconnuës, & dont les noms ſont inconnus, les définitions de ces choſes ne ſeroient pas néceſſaires, parce qu'on ſauroit de quelle choſe on voudroit parler: Mais pour les intellectuelles, dont l'exactitude ne peut être jugée par les ſens; comme, *un cercle*, *une ligne droite*, *une ellipſe*, *&c.* il faut de néceſſité les définir, & même les faire voir, en même tems, décrites & figurées de telle ſorte qu'elles puiſſent être conçuës: comme, pour donner à peu près l'idée de la ligne droite, on ſe ſervira d'un fil de ſoïë fort délié, & bandé fermement de bas en haut; & pour faire connoître ce que c'eſt qu'un cercle, on en décrira un avec un compas. On fera de même à l'égard des plantes & des animaux inconnus; c'eſt à dire qu'il en faut donner la peinture, en même tems qu'on les donne à connoître par le diſcours.

Il y a néceſſairement des noms de choſes qu'on ne doit point entreprendre de définir, de même qu'il eſt néceſſaire qu'il y ait des noms dont on ne puiſſe donner l'étymologie; autrement on iroit à l'infini: comme, ſi on avoit défini un animal, *un corps ſenſible*, & qu'on demandât, *qu'eſt-ce qu'être ſenſible?* on auroit de la peine à l'expliquer autrement que par des noms de même ſignification. Il y a beaucoup de premiers noms dont la ſignification s'apprend par l'uſage, c'eſt à dire, en nommant & faiſant tomber en même tems ſous les ſens, la choſe nommée; c'eſt pourquoi ces noms ſont comme les principes des définitions. Ainſi c'eſt mal à propos que quelques-uns veulent définir & expliquer tous les noms dont ils ſe ſervent: & que d'autres blâment l'uſage des définitions, diſant que, ſi, par exemple, on a défini l'homme, un animal raiſonnable, on eſt plus en peine qu'auparavant, puis qu'il faut définir enſuite, animal & raiſonnable: car il n'eſt pas néceſſaire d'expliquer la ſignification des premiers noms par d'autres; & la définition qu'on feroit d'une choſe fort commune & très-connuë, en donneroit une idée moins claire que celle qu'on en a par l'uſage.

Les choſes qui ont des noms communs de ſubſtance, ſe doivent définir par un nom de genre le moins commun, & par un nom de qualité eſſen-

eſſentielle ou propre, qui ne convienne à aucune autre choſe : C'eſt une des plus importantes régles de la définition. Ainſi, lorſque pour définir un triangle, on dit, *un triangle eſt une figure compriſe entre trois côtés :* le nom de figure eſt le nom de genre ; & avoir trois côtés, eſt la qualité eſſentielle, qu'on appelle autrement différence eſſentielle. Tous ces termes ſont connus ; car s'ils étoient inconnus, on contreviendroit au huitiéme principe.

AUTRE EXEMPLE DE DÉFINITION.

L'*Eléphant eſt un animal à quatre piés, le plus grand de tous.* Etre le plus grand de tous les animaux à quatre piés, eſt une différence qui diſtingue l'Eléphant des autres animaux : animal à quatre piés, eſt le nom de genre le moins commun ; car qui diroit ſeulement animal, ne diſtingueroit pas aſſez. On ne peut pas auſſi définir en diſant, *c'eſt une choſe* ; car le nom de choſe comprend tout, & ne diſtingue rien : & lors qu'on employe le nom de genre dans une définition, ce n'eſt pas à cauſe qu'il contient pluſieurs eſpéces ; mais parce qu'il fait diſtinguer d'abord la choſe définie, de celles qui ne ſont pas de ce même genre.

Que ſi le nom de qualité propre ou eſſentielle eſt inconnu, il faut faire entrer en la définition pluſieurs noms de qualités accidentelles, qui toutes enſemble ne conviennent qu'à la choſe dont on veut expliquer le nom.

EXEMPLE.

L*E Houx eſt un arbriſſeau qui a les feuilles larges, piquantes, & vertes en tout tems, & le fruit petit & rouge.* Arbriſſeau eſt le nom de genre le moins commun : avoir les feuilles piquantes, eſt commun au genévre, &c ; les avoir larges, au chêne, &c ; vertes en tout tems, au laurier, &c ; le fruit petit & rouge, à beaucoup d'autres plantes : mais toutes ces qualités enſemble ne conviennent qu'au Houx. C'eſt de cette ſorte que *Dioſcoride* a défini les plantes deſquelles il dit enſuite les proprietez & les vertus. Ainſi les *Platoniciens* définiſſoient l'homme, un animal à deux piés, ſans plumes, aux ongles larges, &c.

Que ſi l'on découvre un autre arbriſſeau que le houx, qui ait les feuilles larges, piquantes, vertes en tout tems, &c ; il faudra ajouter quelque choſe à la définition du houx, ſoit à l'égard de la racine ou des fleurs, &c.

Il faut prendre garde de ne point mettre pluſieurs termes en la définition, de la compatibilité deſquels on pourroit douter : comme, il ne faut pas mettre en la définition du diamétre du cercle, que c'eſt une ligne droite qui paſſant par le centre, & ſe terminant à la circonféren-

 ce,

ce, la coupe en deux également; mais seulement, qui passant par le centre se termine à la circonférence, ou bien que c'est une ligne qui divise le cercle en deux parties égales.

Que si ce que l'on veut définir n'a point de nom de genre, & qu'on ne puisse bien donner à connoître quelqu'une de ses qualités propres; il faut le définir par induction ou exemple, qui est la façon dont on apprend par usage la signification des noms. Les définitions qui ont été données en la première Partie, de la substance, de la qualité, de la nature, sont de cette sorte. Ou bien il le faut définir par quelques-unes de ses circonstances, causes ou effets, ou même par des noms de même signification: Comme, *le lieu est l'espace qui est occupé, ou qui peut être occupé par un corps: Le lieu est l'espace où est situé un corps au respect des autres corps qui l'environnent: La ligne droite est celle qui s'étend également ou uniment entre ses points*, c'est à dire, *qui s'étendant d'un point à un autre, ne s'écarte ni d'un côté ni d'un autre*, c'est à dire, *qui est droite: Le tems est la mesure de la durée des choses ou de leurs mouvemens*; & réciproquement *le mouvement est la mesure du tems.*

Les qualités précises sont souvent difficiles à définir, si on ne nomme les substances où elles sont: Ainsi, on ne peut définir la rougeur du pavot, ou celle de la rose, sans nommer ces substances; c'est par cette raison qu'on dit, couleur de feu, couleur de cerise, &c. odeur de musc, odeur de rose, &c.

Il faut que dans la définition, le terme qui est le sujet de la proposition, puisse devenir l'attribut: comme, cette définition, *Un triangle est une figure comprise entre trois côtés*, peut être changée en celle-ci, *une figure comprise entre trois côtés est un triangle*; parce qu'un triangle & une figure comprise entre trois côtés, signifient la même chose.

Les choses visibles sont mieux distinguées par la figure, que par toute autre qualité: & si on vouloit définir un cheval en un païs où l'on n'en a jamais vû, en cette sorte, *un cheval est un animal qui hennit*, la définition seroit inutile; car le hennissement seroit une chose également inconnuë.

Quelques-uns appellent description, la définition par la figure, & nient que ce soit une définition. Cependant les Géométres ont appellé définitions, les descriptions du quarré, du triangle, de la sphére, &c. & il y a beaucoup de choses dont la figure ou l'usage est la qualité essentielle, comme une table, une scie, un marteau: c'est pourquoi il faut les définir par la description de leur figure, ou par leur usage, & même quelquefois par leur matiére.

On définit quelquefois un particulier dans son nom d'individu s'il en a un, par son nom d'espéce; comme, *Alexandre est un homme*, *Bucéphale est un cheval*, &c: mais ces définitions sont imparfaites.

Les définitions ne font pas que les choses soient; car pour dire, une Chimére est un tel animal, un cercle est une telle figure, il ne s'ensuit pas

pas qu'il y ait dans la nature une Chimére ou un cercle : mais suppo- sant que ces choses soient, ou qu'on puisse les faire telles qu'elles sont définies, on leur donne le nom. D'où il s'ensuit, que les définitions ne peuvent être fausses quand on use de ce mot, *j'appelle* : mais le nom peut être donné mal à propos, comme si *Apollonius* avoit appellé Ellipse, ce qu'il appelle Parabole ; & même quand les choses ont des noms communs & en usage, il ne faut pas témérairement les changer, ni donner aux noms une autre signification que celle qui est en usage. Que si on veut parler de quelque chose nouvelle, & qui n'a jamais été connuë, laquelle par conséquent n'a point de nom ; comme lorsque les Chymistes découvrent dans leurs opérations quelque chose extraordinaire & nouvelle : il ne faut point lui donner un nom qui serve déja à une autre chose, mais il en faut inventer un nouveau ; tels sont ces noms inventez par quelques Chymistes, Alcahest, Blas, Gas, Athanor, &c: ou bien il faut ajouter quelque Epithéte au nom qui sert à une autre chose, comme, *Poulle de Barbarie*, *Aconit de l'Amerique*, *&c.*

La plupart de ces régles ne sont pas absolument nécessaires, même celle qui prescrit qu'il faut définir les choses qui ont un nom obscur. Ceux qui sont capables d'inventer de nouvelles sciences, n'ignorent pas qu'il faut expliquer les noms nouveaux ou obscurs dont ils se servent, & ils peuvent assez facilement donner à connoître ce qu'ils entendent par ces noms : car enfin, il n'importe pas beaucoup de quelle façon les définitions soient faites, pourvû qu'elles nous fassent concevoir une idée des choses définies assez distincte pour n'en pas concevoir d'autres au lieu d'elles : & le plus souvent les régles trop générales, comme celle-ci, *Il faut que toute définition soit composée de genre & de différence*, ne font qu'embarrasser ; & lors qu'on veut les pratiquer exactement, on fait souvent des Enigmes : car une Enigme n'est autre chose qu'une définition obscure ; comme si on demandoit, *qu'est-ce que la premiére Entelechie d'un corps organisé ayant vie par puissance ?* on seroit fort empêché de le deviner, si on ne savoit pas que c'est la définition de l'ame, selon *Aristote*. Ceux mêmes qui prescrivent cette régle générale, en peuvent difficilement donner d'autre exemple dans les choses sensibles, que celle-ci, *l'homme est un animal raisonnable* ; encore ne vaudroit-elle rien, s'il étoit vrai que les autres animaux eussent du raisonnement, comme quelques-uns l'ont soutenu.

Quelquefois on établit l'existence & les proprietés d'une chose, & ensuite on lui donne un nom, ce qui peut être aussi appellé une définition ; comme, lors qu'aprés avoir établi qu'il y a des propositions dont la vérité est incontestable, on dit qu'elles seront appellées des principes de connoissance.

L'une des plus importantes régles de la définition est, qu'il faut dans la suite du raisonnement s'arrêter aux termes de la définition : contre laquelle régle on peut dire qu'*Euclide* a failli, lors qu'il a dit qu'un cercle ne coupe pas un autre cercle en plus de deux points; car suivant la définition du cercle il devoit dire, la circonférence d'un cercle ne coupe pas celle d'un autre cercle en plus de deux points.

Ce qui donne le plus de peine dans les définitions, est que la question *qu'est-ce qu'une chose ?* se prend en divers sens : & pour y aporter de l'éclaircissement, il faut supposer que nous parlions à un Etranger qui sache beaucoup de mots de notre langue, & qui en ignore encore beaucoup. Si cet Etranger voit passer un cheval, & qu'il demande quelle bête c'est; alors il est évident que c'est le nom qu'il demande, supposé qu'il en ait déja vû d'autres; & on le satisfait en lui disant que cette bête est un cheval. Que s'il entend prononcer le mot de cheval, & que ne sachant point à quelle chose on donne ce nom, il demande qu'est-ce qu'un cheval? alors il lui faut répondre suivant les régles précédentes; comme, *un cheval est un animal à quatre piés, de grande stature, qui a la corne du pié ronde, & de grand crins au cou & à la queuë, &c.* Enfin, tant cet Etranger que d'autres qui usent d'une même langue que celui à qui ils parlent, en voyant une chose & sachant son nom, ne laissent pas de demander quelquefois, ce que c'est : comme quand on voit l'Arc-en-ciel ou une Cométe, ou qu'on entend le tonnerre, &c. on ne laisse pas de demander qu'est-ce que l'Arc-en-ciel? qu'est-ce que le tonnerre? &c. & alors ce n'est pas la signification du nom qu'on demande, car on la sait; mais quelles sont les causes de la chose signifiée, & quels effets elle peut produire, &c. Or dans les choses naturelles ou surnaturelles, il est très-difficile de satisfaire à cette question; & c'est ordinairement le sujet de nos disputes, & le but & la conclusion de nos raisonnemens. Ainsi *Aristote* a fait trois Livres pour tâcher d'expliquer ce que c'est que l'ame, sans y avoir bien réüssi; & l'on peut remarquer dans les Livres de *Platon*, l'embarras où il se met pour faire connoître la nature de l'être, du non-être, de la beauté, &c. Même il paroît que le dessein de ces Philosophes étoit de pouvoir expliquer la nature & toute l'essence d'une chose en une seule proposition semblable aux définitions de Géométrie; ce qui est une erreur manifeste : car quand les Géométres expliquent ce qu'ils entendent par un nom dont ils se servent, comme un quarré, un triangle, &c; ils peuvent facilement donner à connoître par la définition, l'essence de la chose à qui ils donnent le nom, à cause de sa simplicité; comme, *un quarré est une figure comprise entre quatre côtés égaux, se rencontrans à angles droits :* Mais il n'en est pas de même des choses naturelles ou surnaturelles, comme de l'ame, de l'Arc-en-ciel, du tonnerre, des parélies, &c. parce qu'elles ne dépendent pas de notre imagination, & qu'elles ont souvent plusieurs causes ou effets, qu'il est impossible d'expliquer par une seule proposition. Par exemple, il en faut plus de cinquante tant de Géométrie que d'Optique, pour bien expliquer les causes de l'Arc-en-ciel, & de ses couleurs différentes : & quand on pour-

pourroit le faire par une ſeule propoſition, on ne doit pas l'appeller définition, ſi l'on accorde la troiſiéme demande; puiſque la définition doit précéder le raiſonnement & la diſpute, & que le diſcours ou la propoſition qui doit expliquer parfaitement la nature, les cauſes & les propriétés d'une choſe, ne ſe peut faire qu'après de grandes diſputes & de grands raiſonnemens. Que ſi pourtant on veut l'appeller définition, il ne faut pas la confondre avec l'autre, ſuivant la troiſiéme demande.

Pour les diſtinguer, nous appellerons la premiére, la définition qui précéde la diſpute, ou la définition diſtinctive, ou la définition de Logique; telles que ſont les définitions des Mathématiciens : & l'autre, celle qui ſuit la diſpute, & qui en eſt la concluſion; & il ne faut pas ſe mettre en peine de faire cette derniére, quand la premiére ſuffit. C'eſt de la premiére qu'on entend parler ici, & dont on a donné les régles.

Il eſt quelquefois néceſſaire pour ſe bien faire entendre, de ſe ſervir de diviſion ou diſtinction. On diviſe par exemple un diſcours en deux ou trois points, pour le rendre plus clair, & pour faire qu'on s'en ſouvienne mieux: on diviſe une choſe entiére en ſes parties, comme quand on dit qu'un homme eſt compoſé de corps & d'ame: on diviſe un nom équivoque en ſes ſignifications différentes, &c. Les régles qu'on donne pour bien faire une diviſion ſont peu importantes, & il eſt quelquefois très-difficile de les bien appliquer, & de pouvoir aller juſques au dernier détail des choſes : comme, ſi l'on avoit diviſé les animaux en terreſtres & aquatiques, &c. les terreſtres, en ceux qui marchent, & en ceux qui rampent; il ſeroit comme impoſſible de dire enſuite toutes les eſpéces d'animaux qui marchent ou qui rampent, parce que le nombre en eſt trop grand, & qu'il n'y a perſonne qui les ſache toutes.

DEUXIÉME DISCOURS.

De l'Invention des Principes.

LES définitions & les diviſions étant faites, ſi elles ſont néceſſaires, il faut regarder de quel genre eſt la propoſition à prouver, c'eſt à dire ſi elle eſt intellectuelle, ou ſenſible, ou morale; car les Principes pour les prouver ſont différens, comme auſſi la façon de les chercher.

Les propoſitions de quelque genre qu'elles ſoient, ſont : ou des Théorêmes, qui propoſent quelque choſe à connoître; comme, *Un nombre quarré multipliant un nombre quarré, produit un nombre quarré*; *Le Soleil eſt plus grand que la terre*; *Il faut ſuivre la vertu :* ou des Problêmes, qui propoſent quelque choſe à faire; comme, *décrire un quarré*; *rendre une terre fertile*; *appaiſer une ſédition*.

Les propositions intellectuelles sont souvent nécessaires pour parvenir à la connoissance des propositions sensibles pour lesquelles nous avons de la curiosité, ou desquelles il nous importe de savoir la vérité: Comme, si une éclipse de Soleil ou de Lune, ou l'apparition d'une nouvelle Cométe, nous donne de l'étonnement; on ne peut savoir si ces choses nous menacent de quelque malheur ou non, sans savoir leurs causes; & on ne les peut savoir sans le secours de la Géométrie, de l'Arithmétique, & des autres sciences intellectuelles, par lesquelles nous pouvons savoir les distances de ces corps, leurs grandeurs, leurs mouvemens & révolutions. De même, si un miroir concave nous fait paroître l'image d'une chose dans une situation renversée, si nous considérons l'Arc-en-ciel & beaucoup d'autres merveilles de l'Art ou de la Nature; notre curiosité ne peut être satisfaite que par le moyen des mêmes sciences. Elles peuvent aussi servir pour les propositions morales; comme, lorsque pour établir & conserver la paix entre les hommes, il faut faire le partage des terres & des autres choses, connoître les limites de ce qui appartient à chaque particulier, & mettre toutes les choses en leur juste proportion. Même ces sciences sont nécessaires pour inventer plusieurs choses utiles à notre vie, ou pour les perfectionner; comme la science de la Navigation, l'Architecture, les Lunettes d'approche, & plusieurs autres choses qui sont déja en usage, ou qui restent à inventer. D'où il s'ensuit, que ceux qui font profession d'instruire les autres, doivent savoir de nécessité ces sciences intellectuelles, du moins leurs propositions les plus importantes, & qui sont le fondement des autres.

Nous diviserons ce second Discours en trois articles: dans le premier, on donnera des régles pour trouver les principes qui pourront servir à la preuve des Propositions intellectuelles; dans le second, on en donnera pour les principes des Propositions sensibles; & dans le troisiéme, pour les principes de Propositions morales.

ARTICLE PREMIER.

De la Méthode pour trouver les principes des Propositions intellectuelles.

LEs propositions de Géométrie & d'Arithmétique sont des Propositions intellectuelles, dont nous formons les objets par cette opération de l'esprit qu'on appelle abstraction ou séparation: comme lorsque nous considérons la grandeur & la figure sans les sujets où elles sont; les mouvemens sans les choses mûës; les nombres sans les choses nombrées; une longueur sans largeur, qu'on appelle une ligne, que nous concevons aussi comme l'extrémité d'une surface, sans pénétrer dans la sur-

surface ; de même que nous concevons le point comme l'extrémité d'une ligne, sans pénétrer dans la ligne, & les surfaces comme les extrémités des corps, sans pénétrer dans les corps : & ensuite nous concevons des lignes droites, des surfaces planes, des cubes, des sphéres, &c.

Nos sens ne peuvent discerner ces objets avec exactitude, & nous ne pouvons nous en former une idée ou image exacte ; mais seulement nous pouvons les énoncer, & les supposer comme nous les énonçons.

Les autres propositions intellectuelles qu'on appelle ordinairement de Métaphysique ou surnaturelles, ont divers objets ; comme l'être en général, la premiére cause de l'être, les idées des choses, les possibilités intellectuelles, l'infini, &c.

Les propositions de Géométrie & d'Arithmétique sont : ou vérités premiéres, que l'on reçoit sans difficulté par le second principe : ou elles ont besoin de preuve ; & pour les prouver, il faut chercher sous quels principes elles sont comprises, soit premiers ou seconds, lesquels on pourra discerner s'ils se présentent à l'esprit, par la faculté naturelle que nous avons de connoître les connexités des propositions entr'elles, & de faire de bons raisonnemens, comme il a été remarqué dans le quatriéme principe ; laquelle faculté se perfectionnera par l'usage des raisonnemens, & par la connoissance des régles suivantes.

Il y a des principes spéculatifs intellectuels ; comme, *les choses égales à une autre, sont égales entr'elles :* il y en a d'autres pour les constructions des figures. Ces derniers ne se démontrent point, non plus que les premiers : mais ils s'établissent par la demande qu'on fait que leur possibilité soit accordée ; comme, *que l'on puisse tirer une ligne droite d'un point à un autre point, que l'on puisse décrire un cercle, &c.* l'on demande qu'on les accorde, parce qu'on peut les contester, & même les nier, à cause que nos sens ne peuvent connoître si une ligne est parfaitement droite, & que nous ne pouvons discerner, ni même tracer une ligne sans courbure & sans largeur, &c. Mais comme nous croyons ces choses être possibles intellectuellement, & que ce n'est que par le défaut de nos sens & de la matiére, qu'on ne peut les décrire sensiblement ; on les accorde être possibles intellectuellement, sans prétendre de les faire réellement, sinon à peu près ; & ces demandes accordées servent de principes.

*On peut ici remarquer qu'*Euclide *n'a pas prouvé exactement sa premiére Proposition ; car il n'a pas demandé qu'on puisse décrire un cercle en un plan donné, ce qui est nécessaire pour faire que les circonférences de deux cercles s'entrecoupent. On peut dire aussi que les Géométres ont tort de faire scrupule d'admettre en un plan la possibilité des lignes qui se forment par des mouvemens composés, ou par des sections de cones, comme les Conchoïdes, les Ellipses, &c : car intellectuellement elles ne sont pas moins possibles que les circonférences des cercles, & que les lignes droites ; & sensiblement les unes & les autres sont impossibles, ou du moins leur exactitude ne peut être discernée.*

On

On peut aussi faire des demandes pour servir de principes spéculatifs, quand ce que l'on demande d'être accordé, n'est pas aussi clair & évident que les vérités premiéres intellectuelles, & qu'il est difficile de le prouver par elles, pourvû qu'il ait beaucoup d'évidence, & qu'il soit nécessaire pour la preuve de plusieurs autres propositions, comme les trois demandes qui sont au commencement de la premiére Partie de ce Traité. *Archiméde*, dans ses Mécaniques, employe plusieurs demandes de cette nature; comme, *les poids égaux en distances inégales, pésent inégalement.*

Les régles qu'il faut suivre pour les demandes sont; qu'elles ne soient pas très-claires, car on les proposeroit comme des axiomes ou vérités premiéres; qu'elles soient nécessaires pour la preuve de ce qu'on entreprend de prouver; & qu'elles ne puissent être démontrées, ou du moins que la démonstration en soit très-difficile ou très-obscure: mais tout ce qui est très-clair de soi-même, ou qui peut être assez facilement prouvé, ne doit pas être demandé. C'est par cette raison qu'*Euclide* n'a pas dû faire des demandes de sa seconde Proposition ni de sa troisiéme. Quelques-uns lui objectent mal à propos, qu'il a pris pour axiome ou commune sentence, le principe dont il se sert pour les lignes paralléles: car, selon *Proclus*, il l'a mis au nombre des demandes, aussi-bien que cet autre, *Tous les angles droits sont égaux entr'eux*; & le même *Proclus* assure que cette derniére Proposition est donnée pour exemple de demande par *Aristote*.

On peut dire pourtant de celle qui sert à établir les lignes paralléles, qu'elle est défectueuse, parce qu'on n'a pas apris par les principes & par les définitions qui la précédent, quelle conséquence on peut tirer de ce que deux angles sont moindres que deux angles droits.

Quelques-uns ont dit que les définitions étoient les seuls principes, & que les axiomes mêmes ou vérités premiéres se devoient prouver par les définitions; comme, celle-ci, *le tout est plus grand qu'une de ses parties*, devoit être prouvée par les définitions de Tout, de Plus grand, de Parties, &c. A quoi on peut répondre qu'il n'est pas nécessaire de définir les noms qui sont très-connus, comme il a été dit ci-devant: & que quand il y auroit un nom obscur dans une proposition, la définition qu'on en feroit ne contribuëroit rien ni à la vérité, ni à la fausseté de la proposition; mais seulement à faire entendre sa signification: ce qui est évident, puisque les noms sont arbitraires, & que la vérité des propositions ne dépend pas de notre volonté; & qu'encore qu'on n'eût jamais imposé de noms aux choses, on ne laisseroit pas de connoître certainement qu'une chose entiére qu'on verroit, excéderoit chacune de ses parties; & de même à l'égard des autres vérités premiéres. Mais si la question est du nom; comme, si l'on propose une ligne qui ait les propriétés qu'*Euclide* attribuë à une ligne qu'il appelle binome, & qu'on nie que ce soit un binome: alors la définition sert de de principe, mais non de premier principe; car si l'on nie qu'*Euclide* ait donné cette définition, le premier principe est de la faire lire dans son Livre des Elémens; de même, si l'on nie qu'une anémone s'appelle une anémone, le premier principe sera de le faire dire à plusieurs Jardiniers. Par ce moyen on finira les disputes, où il s'agit seulement du nom, en le prouvant par la définition, & la définition par l'induction.

Quelques-uns ont dit qu'il faut prouver les principes par d'autres principes, quand ils ont quelque connexité entr'eux, quoiqu'ils soient également clairs: ce qui seroit absurde & inutile; car il ne faut pas prouver ce qui n'a pas besoin de preuve, de même qu'il ne faut pas chercher le moyen de voir ce qu'on voit déja: & encore qu'il y ait de la connexité entre deux principes, ensorte que si l'un ou l'autre étoit faux, l'autre le seroit aussi; il ne s'ensuit pas qu'il soit nécessaire de les prouver l'un par l'autre.

Pour les autres principes spéculatifs qui servent à prouver les propositions qui ne sont pas du nom, l'on ne peut donner des régles certaines pour les trouver, non plus que pour faire infailliblement de beaux Vers sur un sujet donné; car l'un & l'autre dépend principalement de l'adresse de l'esprit de celui qui les cherche, & d'une rencontre de laquelle on ne peut être assuré. Voici une méthode qu'on peut observer.

Celui qui entreprend de trouver les principes qui peuvent servir à prouver une proposition de Géométrie, doit savoir plusieurs de ces principes; & si la proposition en dépend immédiatement, ou qu'elle n'en soit pas éloignée, il pourra découvrir les principes ou les propositions immédiates, qui peuvent servir à sa preuve avec assez de facilité. Comme, si on propose de prouver qu'une ligne droite comme BD tombant sur une autre, comme AC, fait les angles de part & d'autre droits ou égaux à deux angles droits: si l'on fait cette définition, *Lors qu'une ligne droite tombant sur une autre, fait les angles de part & d'autre égaux, on les appelle droits*; & qu'on sache aussi ce principe, *Les choses qui conviennent & s'ajustent précisément entr'elles, sont égales*; on pourra s'appercevoir que si D B n'est pas perpendiculaire à A C, & que D E le soit, les angles de part & d'autre, EDA, EDC, seront droits, selon la définition; & que puisque les deux angles BDA & BDC pris ensemble, conviennent avec les deux droits EDA & EDC joints ensemble, ils leur seront égaux. Ainsi cette définition des angles droits, & ce principe, *Les choses qui conviennent entr'elles & s'ajustent précisément l'une à l'autre, sont égales*, serviront pour la preuve de cette proposition. TAB. XXV. Fig. 1.

Que si on demande la preuve de cette proposition; *lorsque deux lignes droites, comme* A B *&* C D, *s'entrecoupent au point* E, *les angles opposez* AED, CEB *sont égaux:* on pourra voir, si l'on considére la proposition précédente, que CE tombant sur A B, fait les angles C E A & CEB pris ensemble, égaux à deux angles droits; & que par la même TAB. XXV. Fig. 2.

raison, AE tombant sur DC, fait les angles AED, AEC, égaux à deux droits ; & qu'ainsi ces deux derniers pris ensemble, sont égaux aux deux premiers pris ensemble. Que si l'on sait le principe, *si de choses égales on ôte des choses égales, les restes sont égaux*; on pourra connoître que si des angles CEA, CEB, & des deux CEA, AED, on ôte l'angle commun CEA, les restans CEB, AED seront égaux ; & que ce principe & la proposition précédente pourront servir pour le prouver.

Mais si les propositions sont difficiles à prouver, & qu'on ait de la peine à découvrir quelque connexité entr'elles & les principes premiers ou seconds ; il faudra tirer une ou plusieurs nouvelles lignes dans la figure, qui pourront servir de moyen pour comparer les autres entr'elles. Comme, si ayant proposé le demi-cercle ACB, & ayant tiré à la circonférence les deux lignes AC, BC, on demandoit si l'angle ACB est droit ou non ; il seroit très-difficile de le juger, sans tirer quelque autre ligne du centre D à la circonférence ACB, comme la ligne DC : mais étant tirée, si l'on sait que les lignes tirées du centre à la circonférence d'un cercle, sont égales entr'elles ; on pourra voir que les trois lignes DC, DA, DB, sont égales : & si l'on sait qu'aux triangles qui ont deux côtés égaux, les angles sur la base sont égaux ; on jugera facilement que les angles DCA & DAC sur la base AC, sont égaux ; & que par la même raison, l'angle BCD est égal à l'angle CBD. On pourra juger ensuite que les deux angles au point C sont égaux ensemble aux deux A & B : & si l'on sait que les trois angles d'un triangle pris ensemble, sont égaux à deux angles droits ; on pourra connoître que l'angle ACB sera droit, puis qu'il est la moitié des trois angles du triangle ACB ; & que ces deux propositions pourront servir à le prouver : ce qu'on n'auroit pû découvrir, si on n'avoit tiré la ligne CD, & si on n'avoit sû ces principes & ces propositions.

TAB. XXV. Fig. 3.

Il faut donc, ou par des lignes paralléles, ou par des perpendiculaires, ou par des cercles, &c. tâcher de découvrir quelque connexité de la proposition avec ce qui nous est connû : & souvent on pourra y réüssir, pourvû, comme il a été dit, qu'on ait la connoissance de plusieurs principes reçûs, & de plusieurs propositions prouvées, & quelque usage du raisonnement ; ou même l'adresse d'inventer de nouveaux principes, si ceux qui sont connus & reçûs ne suffisent pas. Mais il est très-difficile d'enseigner par quelles lignes ou par quelles figures on en pourra venir à bout ; ni même, les lignes étant tirées, de donner une méthode infaillible pour voir les conséquences & la connexité de ce qui est proposé, avec les principes. C'est pourquoi *Pythagore*, à ce qu'on dit, fit un sacrifice aux Muses, pour avoir trouvé la démonstration d'une proposition, en tirant de certaines lignes ; reconnoissant que ce n'étoit pas l'effet d'une science infaillible, mais de quel-

quelque ſorte d'inſpiration divine; de même que les anciens Poëtes rapportoient aux inſpirations des Muſes, l'invention de leurs belles Poëſies.

Que ſi la queſtion eſt en nombres, il faut prendre, outre ceux qui ſont propoſez, un ou pluſieurs autres nombres, qui puiſſent ſervir de moyen & de liaiſon pour prouver la propoſition, de même qu'on prend des lignes nouvelles pour les propoſitions de Géométrie: & ſi l'on fait beaucoup de principes touchant les nombres, & qu'on ait auſſi l'adreſſe d'en inventer; on pourra ſouvent découvrir ceux qui pourront ſervir à la preuve de la queſtion.

Pour inventer facilement des Théorêmes en nombres, on peut ſe ſervir de la méthode ſuivante. Il faut remarquer quelque propriété par induction entre quelques nombres qui ſe trouve auſſi entre d'autres; par où l'on pourra conjecturer que cette propriété s'étendra à tous les nombres de cette nature. Comme, ſi on a remarqué qu'entre les deux quarrés 4 & 9, il y a le nombre 6, qui eſt les deux tiers de 9, de même que 4 eſt les deux tiers de 6; & qu'entre les quarrés 9 & 16 il y a 12, qui eſt les $\frac{3}{4}$ de 16, de même que 9 eſt les $\frac{3}{4}$ de 12: on pourra conjecturer qu'il y aura toujours entre deux nombres quarrés un moyen proportionnel, & que ce moyen proportionnel ſera le produit des racines des deux quarrés; puiſque 6 eſt le produit de 2 & 3, & que 12 l'eſt de 3 & 4. Ayant encore trouvé une ſemblable propriété entre quelques autres quarrés, on aura une opinion vrai-ſemblable qu'entre deux quarrés il y a toujours un moyen proportionnel, dont on cherchera enſuite la démonſtration.

Quelques-uns ont dit que les choſes étoient bien prouvées, quand elles étoient prouvées par leurs cauſes; ce qui eſt vrai à l'égard des choſes naturelles. Mais à l'égard des propoſitions de Géométrie, ou des autres ſciences intellectuelles, il n'eſt pas néceſſaire de prouver pourquoi la choſe eſt ainſi, mais ſeulement qu'elle eſt ainſi: comme dans la derniére figure ci-deſſus, ce n'eſt pas la ligne C D qui eſt cauſe que l'angle A C B eſt droit; mais elle ſert de moyen pour le faire connoître, & la démonſtration ne laiſſe pas d'être très-évidente. Les principes mêmes ou vérités premiéres, ne ſont pas les cauſes des autres vérités; mais elles les font connoître. Ce ſeroit auſſi en vain qu'on voudroit prouver l'exiſtence d'une premiére cauſe par ſes cauſes, puis qu'elle n'en a point.

Pour trouver la ſolution des Problêmes de Géométrie, & les principes qui ſervent à les conſtruire & à les prouver; il y a une méthode que les Anciens appelloient Analyſe, qui eſt de les ſuppoſer faits comme on les demande, & d'examiner enſuite les liaiſons & les conſéquences de cette ſuppoſition, juſques à ce qu'on arrive à une choſe qui nous ſoit connuë, & qu'on puiſſe faire; & cette derniére choſe ſera le moyen & le principe par lequel on parviendra à la ſolution de ce qui ſera propoſé.

EXEMPLE.

TAB. XXV. Fig. 4. ON propose de former sur la ligne AB un triangle équilateral, c'est à dire, qui ait les trois côtés égaux. Il faut le supposer fait; c'est à dire, qu'il faut tirer deux autres lignes à un point comme C, par exemple, AC, BC, les supposant égales entr'elles, & à AB, car cela étant, le triangle seroit équilateral. Or, si l'on fait que toutes les lignes tirées d'un même centre à une même circonférence, sont égales; & qu'on demeure d'accord qu'on puisse faire un cercle du point B comme centre, & du demi-diamétre BA; on pourra juger que si on le fait, sa circonférence passera par le point C. Par la même raison, si on fait un autre cercle de même grandeur, dont le centre soit A, sa circonférence passera aussi par le point C; autrement les lignes BA, BC, & AB, AC, ne seroient pas égales: Ainsi les deux cercles se couperont en C. Or cela étant certain, & la façon dont on peut décrire ces cercles nous étant connuë, on jugera que, si sans avoir tiré les deux lignes, ni pris le point C, on fait deux cercles des deux extrémités A & B comme centres, & de l'intervale AB; & que du point où les circonférences s'entrecouperont comme C, on tire deux lignes aux extrémités A & B: chacune de ces lignes sera égale à AB; & que la définition du cercle, & la description des deux, ACD, BCE, seront les principes de la preuve de l'égalité des deux lignes AC, CB avec AB: & l'on pourra juger que les lignes AC, CB, sont égales entr'elles, puisque l'une & l'autre est égale à AB, si l'on fait ce principe, *Les choses égales à une autre, sont égales entr'elles*; & ce principe servira pour le prouver: d'où l'on connoitra que le triangle est équilateral.

On appelle Synthêse ou composition, la construction de la figure, & le raisonnement qui se fait ensuite de l'analyse. On peut, si l'on veut, appeller toute l'opération, Analyse: & alors elle aura trois parties; la Zététique, ou recherche de ce qui peut être connû; la construction de la figure; & la démonstration.

Que si l'on trouve qu'il y ait quelque liaison & connexité de ce qu'on suppose fait, avec une fausseté premiére; le Problême sera impossible, & on le prouvera impossible par cette fausseté.

Lorsque les Problêmes sont éloignez des premiers principes, ils sont beaucoup plus difficiles. Néanmoins par la même méthode, on peut souvent trouver leur solution, en tirant des lignes nouvelles, &c. Il y en a des exemples dans les Livres de Géométrie.

Pour les Problêmes des nombres; comme, *trouver un nombre quarré égal à la somme de deux autres nombres quarrés:* on suppose que les nombres que l'on cherche sont trouvez, & on les marque par des lettres, suivant la méthode expliquée ci-devant, tant les connus que les inconnus,

nus, du moins les inconnus. On en fait enſuite l'analyſe, c'eſt à dire, on en conſidére les conſéquences juſques à ce qu'on parvienne à une choſe qui ſoit connuë, par le moyen de laquelle on donnera la ſolution du Problême avec aſſez de facilité.

On peut encore ſe ſervir pour la ſolution des Problêmes en nombres, de la méthode qui a été expliquée pour les Théorêmes; qui eſt de remarquer quelque propriété en quelques nombres, par laquelle on puiſſe reſoudre ce qui eſt propoſé. Comme, ſi on ſait que lorſque le quarré d'un nombre eſt égal à la ſomme des quarrés de deux autres nombres, ces trois nombres s'appellent un triangle rectangle en nombres; & qu'on propoſe pour problême de trouver un certain nombre de ces triangles rectangles, comme quatre ou cinq, &c: Après avoir trouvé par hazard ou autrement un de ces triangles, comme 3, 4, 5; car 25 quarré de 5, eſt égal à 16 & 9 enſemble, qui ſont les quarrés de 4 & de 3: on pourra remarquer que le plus grand nombre 5 eſt composé de deux quarrés, ſavoir 4 & 1, dont 2 & 1 ſont les racines; que 3 eſt la différence de ces mêmes quarrés; & que le troiſiéme nombre 4 eſt le double du produit de ces deux racines 1 & 2. Enſuite de cette remarque, on pourra prendre deux autres nombres, comme 3 & 2: & après avoir conſidéré que 13 eſt la ſomme des quarrés de ces deux nombres, & que 5 eſt la différence des mêmes quarrés, on verra que ſi on ôte de 169 quarré de 13, 25 quarré de 5, il reſtera 144, qui eſt auſſi un nombre quarré, dont la racine eſt 12; & par conſéquent que 13, 12, & 5 ſont un triangle rectangle en nombres, & que 12 eſt le double du produit des racines 2 & 3. On fera encore de ſemblables remarques en deux autres nombres comme 2 & 5; & l'on trouvera que 29 ſomme de leurs quarrés, 21 différence des mêmes quarrés, & 20 double de leur produit, eſt auſſi un triangle rectangle; car le quarré de 29, qui eſt 841, eſt égal à la ſomme de 400 & de 441 quarrés de 20 & de 21: d'où l'on pourra conjecturer que cette régle eſt générale, & que par ſon moyen on trouvera tant de triangles rectangles qu'on voudra. On cherchera enſuite les principes, pour faire la démonſtration de cette régle.

De même, ſi l'on remarque qu'aux triangles 3. 4. 5, & 20. 21. 29, les deux moindres côtés ont l'unité pour différence; & qu'on propoſe de trouver une régle pour faire d'autres triangles rectangles à l'infini, qui ayent la même propriété: on pourra conſidérer le raport qu'ont les deux nombres 2 & 5, qui ſervent à faire le triangle 20, 21, 29, aux deux 1 & 2, qui ſervent à faire le triangle 3, 4, 5; & on pourra prendre garde que le plus grand des deux nombres 1 & 2 eſt égal au moindre des deux autres 2 & 5, & que 5 eſt égal à la ſomme des deux 1 & 2 plus le même nombre 2. Enſuite on pourra prendre, ſuivant la même régle, 5 & 12, le moindre deſquels eſt égal au plus grand des deux 2 & 5, & 12 eſt égal à la ſomme des mêmes 2 & 5, plus le même nombre 5.

Aprés avoir fait par le moyen de ces deux nombres 5 & 12, suivant la régle ci-dessus, le triangle 169, 120, 119; & avoir remarqué que les moindres côtés 120 & 119, ont aussi l'unité pour différence : on aura une opinion vrai-semblable que cette progression s'étend à l'infini. On prendra ensuite d'autres nombres selon la même progression, comme 12 & 29, 29 & 70, 70 & 169, 169 & 408, &c: & si on remarque que ces nombres pris de deux en deux, servent à faire des triangles rectangles qui ont encore cette propriété, savoir que leurs deux moindres côtés ont l'unité pour différence; on cherchera les principes pour faire la démonstration de cette régle, suivant ce qui a été enseigné ci-devant; & si on les trouve, & que par leur moyen on puisse prouver l'infaillibilité de cette régle, on aura trouvé la solution du Problême.

On pourra encore remarquer que dans le triangle 13, 12, & 5, qui est fait par 2 & 3, le nombre 7 est la différence des deux côtés; & que 3 & 8 qui viennent de 2 & 3, suivant la même régle de progression, font le triangle 73, 55, 48, qui a le même nombre 7 pour la différence de ses deux moindres côtés; & que la même propriété se trouve dans plusieurs autres nombres de la même progression, comme 8. 19, 19. 46, &c. D'où l'on pourra conjecturer que cette régle est universelle : c'est à dire, que si l'on prend deux nombres quels qu'ils soient, dont on fasse une progression selon la régle ci-dessus; la même différence qui se trouvera entre les deux moindres côtés du triangle qui sera fait par les deux premiers nombres de la progression, se trouvera aussi entre les deux moindres côtés de tous les autres triangles faits par deux autres nombres de la même progression. Et après qu'on aura remarqué cette propriété par plusieurs autres exemples, & même que dans la suite de ces triangles, les côtés qui sont la différence des deux quarrés, surpassent, & sont surpassez alternativement par les autres côtés; on cherchera les principes pour en faire une démonstration universelle. Cette méthode est fort utile pour trouver plusieurs propriétés admirables & surprenantes dans les nombres, qu'on pourra proposer comme des Théorêmes, ou comme des Problêmes; mais, parce que le plus souvent ce ne sont que de vaines curiosités, il ne faut pas beaucoup s'y arrêter.

Il y a encore une autre méthode fort commode pour trouver la solution des Problêmes, tant d'Arithmétique que de Géométrie, même des plus difficiles : on l'appelle vulgairement Algébre ou Analyse algébrique. Elle consiste principalement en deux choses.

La *premiére* est, que pour exprimer la plupart des raisonnemens, & des opérations qu'il faut faire pour parvenir à la solution des questions, on se sert, outre les lettres de l'Alphabet, & les caractéres de l'Arithmétique commune, de plusieurs autres notes & caractéres : comme $+$ pour signifier plus; $-$ pour signifier moins; A^2, A^3, A^4, pour signifier A quarré, A cube, A quarré quarré; A B, pour signifier le produit de A par B; $\frac{A}{B}$ pour signifier le quotient de A divisé par B; $=$ pour signifier

gnifier égalité, commme A = B — C signifie A égal à B moins C; & pour signifier que deux grandeurs ont entre elles un même raport que deux autres, on les note ainsi, A ⁞ B ⁞⁞ C ⁞ D, ce qui donne à connoître que A a un même raport à B, que C à D, &c.

La *seconde* & la plus importante est, qu'après avoir exprimé par quelques-unes de ces notes ou par quelques autres, les grandeurs connuës & inconnuës, qui peuvent servir à resoudre le Problême; on le suppose fait, comme en l'Analyse dont il est parlé ci-devant, & l'on en tire des conséquences, en comparant ensemble les grandeurs exprimées par ces diverses notes, en considérant les rapports qu'elles ont les unes avec les autres, en les ajoutant ensemble, ou en les ôtant les unes des autres, &c. selon les conditions de la question, jusques à ce qu'on trouve une égalité entre deux grandeurs exprimées diversement, dont l'une soit l'inconnuë, ou son quarré, ou son cube, &c. & l'autre, celle qui est connuë, ou sa moitié, &c. par le moyen laquelle égalité, & de certaines régles que cette méthode enseigne, on découvre quelle est cette grandeur inconnuë, & l'on resout ensuite le Problême.

Les principes dont on se sert le plus ordinairement en Algébre, sont les quatre suivans. *Si de choses égales on ôte des choses égales, les restes sont égaux : Si à des choses égales on ajoute des choses égales, les tous sont égaux : Les produits des grandeurs égales multipliées par un même nombre, sont égaux : Les quotiens des grandeurs égales divisées par un même nombre, sont égaux.*

EXEMPLES DE L'ANALYSE ALGEBRIQUE.

PREMIER EXEMPLE.

On demande deux nombres tels que le moindre étant ajouté à 10, la somme soit égale au plus grand; & le même nombre 10 étant ajouté au plus grand, la somme soit triple du moindre.

Pour resoudre cette question ou Problême, on pourra poser une lettre comme A, pour le moindre nombre, & y ajoutant 10, la somme sera A plus 10, qu'on note ainsi A † 10: & parce que suivant la premiére condition du Problême, cette somme doit être égale au plus grand des deux nombres; on pourra conclure que ce plus grand nombre sera A † 10. Si on lui ajoute 10, la somme sera A † 20, qui doit être triple du moindre nombre A, & par conséquent égale à 3 A: d'où l'on pourra connoître qu'il y aura égalité entre 3 A, & A † 20; & qu'ôtant un A de part & d'autre, les restes 2 A, & 20, seront encore égaux : enfin l'on pourra juger qu'il y a égalité entre leurs moitiés A & 10, & que le nombre qu'on avoit posé être A, est 10, ce qui resout la question; car l'autre nombre qu'on avoit trouvé être A † 10, sera

ſera 20, & ces deux nombres 10 & 20 ſatisfont au Problême.

On peut trouver la ſolution de ce Problême, & de quelques autres ſemblables, par la ſimple analyſe, en ne ſe ſervant point de la note +, ni d'aucune autre, à la reſerve des lettres de l'Alphabet, & des caractéres de l'Arithmétique commune : mais pour en trouver la ſolution par la pure Analyſe algébrique, il faut, au lieu d'exprimer le raiſonnement par de longs diſcours, y employer pluſieurs notes algébriques; ce qu'on n'a point obſervé exactement dans cet exemple, ni dans les ſuivans, de crainte d'être trop obſcur.

AUTRE EXEMPLE DE L'ANALYSE ALGEBRIQUE.

On demande deux nombres, dont la ſomme & le produit ſoient des nombres égaux.

On peut reſoudre ce Problême par deux maniéres : la premiére eſt, de poſer une lettre comme A, pour un des nombres ; & pour l'autre, quelque nombre comme 4 : la ſeconde eſt, de poſer une lettre pour chaque nombre.

Par la premiére maniére on pourra raiſonnner ainſi. Soit 4 l'un des nombres, & A l'autre : Donc ſuivant la condition du Problême, leur produit 4 A ſera égal à leur ſomme 4 + A : & ſi l'on ôte de part & d'autre un A, il y aura encore égalité entre les reſtes 3 A & 4 : Donc le nombre qu'on a poſé A ſera $\frac{4}{3}$ qui eſt le quotient de 4 diviſé par 3. Par conſéquent les deux nombres cherchez ſont 4 & $\frac{4}{3}$, qui ſatisfont à la queſtion.

Par l'autre maniére, on pourra raiſonner ainſi. Soient A & B les deux nombres; donc leur produit A B ſera égal à leur ſomme A + B : & ſi on les diviſe par B, il y aura encore égalité entre la fraction $\frac{A+B}{B}$ & A. (A eſt le quotient de A B diviſé par B) Mais $\frac{B}{B}$ eſt égal à l'unité, comme $\frac{3}{3}$ ou $\frac{4}{4}$. Donc au lieu de mettre $\frac{A+B}{B}$ on peut mettre $\frac{A}{B}+1$, qui ſera auſſi égal à A ; & ôtant l'unité de part & d'autre, $A-1=\frac{A}{B}$; & les multipliant tous deux par B, les produits A B − 1 B & A ſeront encore égaux ; (A eſt le produit de $\frac{A}{B}$ par B, comme 3 eſt le produit de $\frac{3}{4}$ par 4) & ſi l'on diviſe ces deux produits par A − 1, les quotiens B & $\frac{A}{A-1}$ ſeront égaux, & par cette raiſon l'on mettra $\frac{A}{A-1}$ au lieu de B ; ce qui pourra faire connoitre que la queſtion ſera reſolue : Car les deux nombres qu'on avoit notez A & B étant reduits à A & $\frac{A}{A-1}$, on verra facilement que quelque nombre qu'on prenne pour A, comme 6 ; A − 1 ſera 5, & $\frac{A}{A-1}$ ſera $\frac{6}{5}$: & que ſi A eſt 2, les deux nombres

bres feront 2 & $\frac{2}{1}$, dont le dernier vaut auffi 2; & que ces nombres fatisfont à la queftion, de même que 3 & $\frac{3}{2}$, 4 & $\frac{4}{3}$, & ainfi à l'infini, en prenant tel nombre qu'on voudra pour A; & par conféquent que la folution de ce Problême fera univerfelle.

EXEMPLE D'UN PROBLEME DE GÉOMÉTRIE.

UNe ligne étant donnée comme AB, on demande qu'on la divife en deux parties inégales comme au point C, en forte que cette ligne étant continuée directement en BD, & BD étant égale à BC, le quarré de la partie AC foit égal au rectangle ou produit de la partie BC, & de la toute AD. TAB. XXV. Fig. 5.

Pour refoudre ce Problême, on peut pofer la lettre a pour la ligne donnée AB, & b pour BC ou BD: & fuppofant que C eft le point qu'on cherche; pour ne pas mettre trop de lettres différentes, on notera AC par $a-b$, & AD par $a+b$, & l'on pourra raifonner ainfi. Le quarré de $a-b$, felon le calcul algébrique, eft a^2+b^2-2ab; & le rectangle de $a+b$ par b, eft $bb+ab$. Donc, fuivant la condition du Problême, il y a égalité entre ces deux grandeurs: & fi on ôte b^2 de part & d'autre, il y aura égalité entre a^2-2ab, & ab; & ajoutant $2ab$ de part & d'autre, il y aura encore égalité entre a^2 & $3ab$; & par cette égalité, on pourra remarquer qu'il eft néceffaire que $3a$ foit à a, comme a eft ab, fi on fait que lorfque trois grandeurs font continuellement proportionnelles, le quarré de la moyenne eft égal au rectangle des deux extrêmes, puifque le produit des deux extrêmes $3a$ & b eft égal au quarré de la moyenne a; & l'on conclura que comme $3a$ eft triple de a, a doit être triple de b; d'où l'on pourra juger que fi l'on prend le tiers de la ligne donnée AB, qu'on a notée par la lettre a, & que BC foit ce tiers, on aura trouvé le point requis qui eft C, & qu'on aura fatisfait à l'Analyfe du Problême, dont on pourra donner enfuite la Synthéfe ou compofition, c'eft à dire la conftruction & la démonftration, fi on fait les premiers Elémens de Géométrie.

Quelques-uns appellent Algébre numerique, celle où l'on fe fert des caractéres des nombres, comme 3, 4, 5, &c; & Algébre fpécieufe, celle où l'on fe fert feulement des lettres de l'Alphabet, & de quelques autres notes, pour exprimer les grandeurs connuës & inconnuës. Mais cette diftinction n'eft pas néceffaire: car on peut fe fervir indifféremment de toutes les notes qui font les plus commodes, comme on le peut juger par le premier exemple; car fi on avoit mis une lettre comme B au lieu du nombre 10, l'opération auroit été plus longue & plus obfcure. On voit auffi dans le troifiéme Problême, qu'encore qu'il foit de Géométrie, & qu'on ait mis des lettres pour les grandeurs connuës & inconnuës, on n'a pas laiffé de fe fervir du nombre 3. Tout ce qu'on peut obſerver, eſt de ne point poſer un nombre déterminé pour un nombre inconnu ; car il arriveroit ſouvent que ce ſeroit une fauſſe poſition, par laquelle on ne pourroit reſoudre le Problême: au-lieu que poſant des lettres, on ne poſe jamais rien de faux.

On voit dans *Diophante* & dans d'autres Auteurs, beaucoup d'exemples de ces fauſſes poſitions, qui ne ſont pas pourtant inutiles ; car elles leur ſervent enſuite à connoître quels nombres ou lettres ils doivent poſer dans la ſeconde opération. On peut remarquer auſſi que la premiére maniére du ſecond Problême ci-deſſus, où l'on a poſé 4 pour un nombre inconnu, donne une ſolution plus courte & plus aiſée que la deuxiéme maniére, où l'on a poſé A & B pour les deux nombres ; mais cette derniére eſt plus belle, & donne une ſolution univerſelle.

Il y a un défaut en cette méthode, qui eſt qu'on ne ſait pas bien quand il faut multiplier ou diviſer les grandeurs, ni par quelle quantité on les doit multiplier ou diviſer, & que ce n'eſt que par conjecture qu'on le découvre ; mais l'uſage facilite ces opérations, & l'on rencontre aſſez ſouvent la plus courte voië.

Il eſt à remarquer que la plupart des opérations de l'Algébre ſont fondées ſur des propoſitions de Géométrie & d'Arithmétique ; & que par conſéquent on ne peut pas démontrer par ces opérations, les mêmes propoſitions qui leur ont ſervi de preuve, car on contreviendroit au Principe 8. En voici un exemple. On trouve par le calcul de l'Algébre, que le quarré de A—B eſt $A^2 + B^2 - 2AB$, & l'on prend dans ce calcul B^2, pour le produit de —B par —B, c'eſt à dire de moins B par moins B, ce qui eſt fort ſurprenant ; car il paroît d'abord que ce produit devroit être plutôt $-B^2$ que $+B^2$. Quelques-uns diſent que cela procéde de ce que deux négations valent une affirmation ; mais c'eſt une Régle de Grammaire, qui eſt même fauſſe dans la Grammaire Françoiſe ; & dans ce calcul, on ne nie point, mais on multiplie. D'autres diſent, que moins moins vaut autant que plus plus ; ce qui eſt inconcevable, bien loin d'être clair & évident. Il eſt donc néceſſaire de prouver la bonté de cette opération, puis qu'elle ne s'établit pas d'elle-même. La preuve s'en fait par la ſeptiéme du ſecond des *Elémens d'Euclide*, où il eſt démontré que ſi une ligne eſt diviſée en deux parties, le quarré de la ligne entiére, plus le quarré d'une des parties, eſt égal au quarré de l'autre partie, plus deux fois le rectangle de la toute par la partie premiérement priſe : car il eſt facile de connoître par cette propoſition, que ſi A eſt la ligne entiére, & B une de ſes parties, le quarré de l'autre partie qui eſt A—B, ſera égal au quarré de la toute A, moins deux fois A B, plus le quarré de l'autre partie B ; & que c'eſt la raiſon pour laquelle il faut prendre B^2 pour le produit de —B par —B ; car en ôtant deux fois AB du quarré de A, ce qui reſte eſt moindre que le quarré de A—B, & la différence eſt le quarré de B, lequel par conſéquent y doit être ajouté : d'où il eſt évident qu'on ne doit

doit pas entreprendre de prouver par ce calcul cette même proposition septiéme, puisque c'est par elle qu'on a établi la bonté de ce calcul.

Lorsque les Problêmes tant de Géométrie que d'Arithmétique, sont fort difficiles; on employe encore d'autres notes & d'autres opérations beaucoup plus malaisées à comprendre que celles dont on a donné des exemples; & l'on a beaucoup plus de peine à trouver les égalités, & à les resoudre. On en pourra voir des exemples dans plusieurs Livres qui traitent de cette Analyse algébrique; mais les difficultés qu'on trouvera à bien apprendre toutes les Régles de cette Méthode, pourront faire douter si l'utilité n'est pas moindre que la peine, du moins dans les questions très-difficiles, qui sont ordinairement les plus inutiles.

Pour les autres propositions intellectuelles, qu'on appelle surnaturelles ou de Métaphysique, il est difficile d'y raisonner : car nous connoissons peu de principes qui y puissent servir, & nous ne pouvons former une idée exacte de l'infini, de l'éternité, &c. mais seulement par quelque raport aux choses sensibles & finies; & tout ce qu'on y peut observer, est de prendre garde que ce qu'on en dira, n'ait point de connexité avec des faussetés premiéres.

ARTICLE II.

De la façon de trouver les Principes pour les propositions sensibles.

LE premier principe & le plus universel pour les choses sensibles est la seconde demande : car si l'on refuse de l'accorder, on ne peut plus rien assurer de ce qui tombe sous nos sens; & ce seroit en vain qu'on chercheroit les causes des choses naturelles, & les principes pour les prouver, si on croyoit qu'il n'y eût aucune chose naturelle. On a fait une demande de cette proposition, suivant la Régle expliquée en l'article précédent; parce qu'il est impossible ou très-difficile de la démontrer, & parce que quelques Philosophes ont fait profession d'en douter. Les causes de leurs doutes étoient que lorsque nous dormons, il nous paroît souvent que nous faisons quelques actions, & que nous voyons beaucoup de choses différentes entr'elles, de la même maniére que quand nous sommes éveillez : d'où ils concluoient que, puis qu'on ne peut être assuré s'il y a des objets réels dans quelques-unes de ces apparences plutôt que dans les autres, & que ces apparences étant souvent contraires les unes aux autres, il y en a quelques-unes nécessairement fausses; il étoit impossible d'être assuré qu'il y en eût aucunes de véritables.

La difficulté ou impossibilité de démontrer cette seconde demande, procéde de ce que les principes sensibles n'y peuvent servir, puis qu'elle-même eſt néceſſaire pour les établir : & de ce qu'on ne peut énoncer les principes intellectuels, comme, *le tout eſt plus grand qu'une de ſes parties*, ſans qu'on la ſuppoſe; puis qu'on ne doit parler affirmativement ni de tout, ni de parties, ni de grandeur, s'il n'y a aucune réalité dans tout ce qui nous paroît. C'eſt pourquoi, ſi un eſprit contentieux ſoutient que toutes nos apparences n'ont point d'objet réel, que nous n'avons aucun corps, &c. il ne faut plus diſputer contre lui : car ſi même on lui mettoit la main dans le feu, il pourroit dire qu'il auroit l'apparence d'être brûlé, & de ſouffrir la douleur de la brulure; mais qu'il n'y auroit aucun objet réel de ces apparences. Et quand on lui objecteroit, qu'en ſoutenant que cette demande ne doit pas être accordée, il fait une action, & qu'il croit qu'elle a été écrite ou énoncée par quelqu'un; il pourroit auſſi dire qu'il en a eu ſeulement les apparences. Auſſi n'eſt-ce pas par raiſonnement que nous croyons l'exiſtence des choſes qui nous paroiſſent; mais parce que nous ſommes naturellement diſpoſez à croire leur exiſtence avec une très-grande certitude, lors qu'elles nous paroiſſent, comme il a été dit en la ſoixante-huitiême propoſition : & l'on n'a pas raiſon de conclure que toutes nos apparences ſoient fauſſes, parce qu'il y en a quelques-unes de fauſſes; mais on doit plutôt dire, que nous n'aurions pas ces fauſſes apparences, ſi nous n'avions pas eu auparavant de véritables perceptions de quelques choſes réelles & réellement exiſtentes, dont l'impreſſion ſe renouvelle quelquefois en nous, en l'abſence des objets, & en dormant.

Il n'eſt pas néceſſaire de ſe mettre en peine de prouver cette ſeconde demande; puis qu'elle eſt reçuë naturellement de tous les hommes avec une telle certitude, que ceux-mêmes qui la veulent nier, témoignent, en la niant, qu'ils la croyent, tant par l'ardeur de leurs diſcours, que par d'autres marques qui font connoître qu'ils croyent parler & être écoutez.

Il ne faut pas auſſi s'étonner de ce qu'en ſongeant, nous croyons que ce qui nous paroît a une exiſtence réelle; puiſque les ſonges étant une imitation des apparences des choſes réelles, il ſe fait auſſi en ſongeant, un mouvement de créance de ces fauſſes apparences, ſemblable à celui qu'on a eu des apparences des choſes réelles, comme il a été dit en la même propoſition ſoixante-huitiéme. Enfin, ſi nous poſons pour hypothêſe cette ſucceſſion d'apparences du veiller & du dormir, dont les premiéres ont des objets préſens, & les autres non; nous ne trouvons jamais rien qui contrevienne à cette hypothêſe, & par le Principe cinquante-troiſiéme, nous la devons recevoir, puiſque la poſant pour véritable, nous pouvons rendre raiſon de nos apparences, & même en prévoir la plupart.

Le ſecond Principe qu'il faut recevoir, & ſans lequel on ne peut établir les ſciences naturelles, eſt le quarante-troiſiéme : car les principes d'expérience ne peuvent être reçus, ſi l'on n'eſt aſſuré d'avoir fait les

les expériences sur lesquelles ils sont fondez; & l'on ne peut être assuré de les avoir faites, si l'on n'a des marques & des régles pour pouvoir faire distinction entre les apparences des songes, & les véritables perceptions des objets.

La Régle qu'on donne en ce quarante-troisiéme Principe, pour faire cette distinction, est fondée sur ce que d'ordinaire les apparences que nous avons en songeant, sont incompatibles, & n'ont aucune liaison entr'elles; ce qui fait qu'on les rejette comme fausses, lors qu'on est éveillé: & les enfans qui au commencement croyent leurs songes, cessent de les croire aprés avoir remarqué plusieurs fois, que leurs apparences sont contraires à celles qu'ils ont étant éveillez, & qu'elles n'ont point de liaison entr'elles-mêmes.

On a mis cette proposition dans le rang de celles qui concernent la vrai-semblance conformément à la proposition trente-sixiéme, parce qu'on ne peut savoir avec une certitude infaillible, s'il n'est pas possible, du moins intellectuellement, que les apparences de quelques-uns de nos songes durent long-tems, & qu'elles ayent une parfaite liaison entr'elles: Car mêmes nous pouvons songer qu'on nous soutient que nous dormons, & que nous nous éveillerons bien-tôt, de même qu'on peut nous le soutenir lorsque nous sommes éveillez: d'où il s'ensuit, que si l'on dit à un homme éveillé qu'il est en délire, ou qu'il fait un songe, il ne peut pas prouver avec une certitude invincible qu'il soit éveillé, & qu'il ait l'esprit bien disposé; quoiqu'il le doive croire, si toutes les choses qu'il remarque sont selon la suite des causes & des effets naturels. Ainsi lors qu'il est nuit, & qu'il connoît les étoiles, leurs situations & leurs mouvemens, & qu'il voit ces choses de la maniére qu'elles doivent être, qu'il voit tous les meubles qui doivent être en une chambre dans leur disposition ordinaire, & ainsi de plusieurs autres objets; il doit croire qu'il est éveillé, & que ces étoiles & meubles sont des choses réelles qui existent véritablement hors de lui; & c'est la plus grande certitude que nous puissions avoir pour les choses sensibles.

Que si un esprit contentieux soutient que nous devons suspendre notre jugement, & demeurer toujours dans le doute, puis qu'on n'a pas une conviction entiére; on lui répondra que cette incertitude seroit très-incommode, puis qu'il faudroit toujours combattre notre propre créance, & parler contre notre sentiment naturel: & puisque dans nos songes mêmes, nous ne suspendons pas notre jugement, du moins très-rarement; nous le devons bien moins suspendre, quand nous croyons être éveillez. Aussi n'en peut-il arriver aucun inconvénient; puisque si quelques-unes de ces apparences étoient des songes, nous cesserions de les croire lorsque nous serions éveillez, & nous ne nous en servirions point pour établir les sciences.

Nous avons encore une marque très-considérable pour distinguer suffisamment les apparences des songes, de celles que nous avons étant éveillez; qui eſt, qu'en nous éveillant, nous pouvons faire d'abord réflexion ſur les fauſſes apparences que nous venons d'avoir, & en conſidérer le détail; mais quand il nous arrive de ſonger pendant la nuit, nous ne repaſſons pas dans notre penſée, ou du moins très-rarement, le détail de ce qui nous a paru tout le jour, juſques au moment que nous nous ſommes endormis: & par cette différence, nous devons juger que nous ſommes véritablement éveillez, quand nous pouvons faire réflexion ſur le détail de ce qui nous a paru pendant le tems de cinq ou ſix jours de ſuite.

La ſeconde demande & le quarante-troiſiéme principe étant accordés, il faut conſidérer ſi les propoſitions ſenſibles ſont des vérités premiéres ſenſibles, ou non. Si elles ſont des vérités premiéres ſenſibles, on les reçoit ſans difficulté, ſelon les principes 13, 14, 15; comme, la propoſition, *le feu eſt chaud*, ſera reçuë pour vraie par ceux qui le touchent, dans le ſens du principe quatorziéme. Mais ſi la ſubſtance ou la qualité ne tombe pas ſous les ſens, on tâchera de la prouver par induction, c'eſt à dire en la faiſant tomber ſous les ſens, ſelon le principe neuviéme; car par ce moyen, on fait que la queſtion propoſée devient vérité premiére ſenſible, & il ne faut point chercher d'autres principes pour la prouver. Que ſi la queſtion eſt du nom, comme, ſavoir ſi l'effet que le feu fait en nous, s'appelle chaleur; la définition ſera le principe: & le premier principe ſera de le demander aux autres hommes qui parlent ce langage, ce qui eſt auſſi une preuve par induction; & il ſuffira que pluſieurs l'aſſurent, & qu'aucun ne le contrediſe. Que ſi l'on ne peut pas prouver une propoſition ſenſible douteuſe par induction, il faut chercher des principes qui puiſſent ſervir à ſa preuve; mais on ne peut donner des régles certaines & infaillibles pour les trouver. Voici une méthode dont on pourra ſe ſervir.

Si la queſtion ſe fait pour l'exécution de quelque choſe qu'on ne puiſſe différer, on pourra ſe contenter des principes de vrai-ſemblance, depuis le quarante-troiſiéme juſques au cinquante-troiſiéme. Car, par exemple, il ne faut pas attendre qu'on ait décidé avec exactitude, lequel eſt le meilleur de tous les remédes pour un malade qu'il faut promptement guérir, avant que de lui en appliquer un; parce que le mal pourroit s'augmenter pendant la diſpute, & l'on contreviendroit au principe quatre-vingt-neuviéme. Mais, lors qu'on veut établir une ſcience, comme la Médecine, la Muſique, &c. il faut que les principes dont on veut ſe ſervir, ayent une entiére certitude, du moins une très-grande vrai-ſemblance.

Les Propoſitions qui peuvent ſervir de principes dans les choſes ſenſibles, ſont intellectuelles ou ſenſibles.

Les Propoſitions intellectuelles ſervent à la preuve des ſenſibles, en les ajuſtant à la matiére par un retour, comme on a formé les objets intellectuels par abſtraction. Ainſi, pour rendre raiſon des effets de la vuë & de la lumiére, on prend pour principes les propositions de Géométrie concernant les angles, les cercles, les sphéres, les sections coniques, & les autres figures, selon qu'on juge qu'elles y peuvent servir. Comme, pour prouver pourquoi dans les miroirs plans, l'image paroît aussi enfoncée dans le miroir que l'objet en est eloigné; on pourra décrire une figure, en laquelle une ligne comme A B représentera le miroir, & C & G les deux yeux : Après, on examinera la question par les maximes naturelles connuës, comme, *l'angle de reflexion des rayons est égal à celui de leur incidence* : & supposant des angles égaux au point E, savoir D E A, C E B, & D H A, G H B, au point H; on pourra voir que le rayon D E se refléchira en E C, & le rayon D H en H G. Ensuite par le moyen de quelques autres maximes naturelles, ou principes d'expérience, si on les fait, on pourra connoître que l'objet D paroîtra à l'œil qui est en C, dans la ligne C E F, & à l'autre œil qui est en G dans la ligne G H F; & par conséquent qu'il paroîtra au point F où ces lignes se coupent : Et si l'on a apris les premiéres propositions de Géométrie, on saura, en tirant D A F perpendiculaire à E A, que A F est égale à D A; & l'on jugera que l'on pourra se servir de ces principes de Géométrie & d'Optique, &c. pour le prouver, & que sans ces principes on n'en pourroit faire la preuve, ni rendre raison de cette apparence. On fera de même à l'égard de plusieurs autres propositions sensibles douteuses. TAB. XXV. Fig. 6.

Les principes sensibles pour prouver les questions naturelles, sont les maximes naturelles fondées sur les expériences ou vérités premiéres sensibles, selon les principes 11, 12, 18, 49 & 50 : Comme, *les poids égaux en distances inégales, pésent inégalement : Les rayons qui passent obliquement d'un milieu transparent, en un autre de différente transparence, font une inflexion, & ne vont plus selon les mêmes lignes droites : L'angle de reflexion des rayons est égal à celui de leur incidence : La lumiére s'étend en lignes droites par un même milieu transparent.* Plus on saura de ces maximes, plus on sera capable de rendre raison des effets naturels.

Pour parvenir à la connoissance de ces maximes naturelles ou principes d'expérience, il faut faire plusieurs observations exactes : comme, pour les pesanteurs, on suspendra quelque corps à un fil en diverses positions, & si l'on remarque à peu près que la rectitude du fil, tirant au centre de la terre, passe toujours par un même point, on pourra nommer ce point centre de pesanteur, & inférer suivant la proposition dix-huitiéme, (qu'on suppose en tous les principes d'expérience) qu'il y a un tel centre en chaque corps, ce que l'on prouvera, si l'on peut, par d'autres principes; & ainsi l'on trouvera les autres maximes naturelles, telles que sont les suivantes.

MAXIMES OU REGLES NATURELLES, OU PRINCIPES D'EXPERIENCE.

La Nature ne fait rien de rien, & la matiére ne se perd point.

Il n'est point de matiére sans quelques qualités apparentes ou réelles.

La vuë se fait selon des lignes droites.

Le fer se meut vers l'aimant.

L'air se dilate par la chaleur, & se presse par la diminution de la chaleur, & par violence.

Le frottement ou froissement des corps solides les échauffe.

Les rayons lumineux pénétrant obliquement de l'air dans l'eau ou dans le verre, prennent diverses couleurs.

Quoiqu'on ne sache pas les causes de ces effets, on ne laissera pas de se servir de ces Propositions pour en prouver d'autres, & de les prendre pour Principes, jusques à ce qu'on en ait découvert les véritables causes, selon les propositions 49 & 50: mais il faut que ces véritables causes soient parfaitement prouvées, autrement on ne doit pas les recevoir. Il faut aussi remarquer qu'on ne peut prouver un effet naturel par les seuls principes intellectuels, si ce n'est lorsque tout est égal de part & d'autre; car en ce cas l'expérience n'est pas nécessaire: comme, cette demande d'Archimède, *les poids égaux en distances égales, pésent également*, peut passer pour un principe intellectuel; car où prendroit-on l'inégalité, & d'où pourroit-elle proceder, puisque tout est pareil de part & d'autre? Mais cette autre demande, *les poids égaux en distances inégales, pésent inégalement*, a besoin d'expérience.

Pour les Problêmes des choses naturelles & sensibles, comme *élever un arbre*, *conserver les fruits*, *faire discerner un objet de fort loin*, *trouver la distance d'un objet inaccessible*; on se sert des Théorêmes ou des Problêmes de Mathématique, & des maximes naturelles qui nous peuvent faire connoître les causes & les effets qu'on nous demande. Comme, pour parvenir à l'exécution de ce Problême, *discerner un objet de fort loin*; on pourra juger que les objets sont discernez, quand ils portent beaucoup de lumiére à l'œil, & que leur image est grande sur les nerfs de la vuë: il faut donc chercher à amplifier l'image de l'objet; ce que l'on pourra faire, si l'on sait les principes de l'Optique, & les propriétés des verres sphériques convexes & concaves. On pourra trouver aussi par les mêmes principes, les moyens d'augmenter dans l'œil la lumiére d'un objet éloigné, ce qui servira à l'exécution de ce Problême. De même, pour ce Problême, *mésurer la continence d'un espace superficiel de terre*, on applique les principes de Géométrie sensiblement, en faisant des angles avec des instrumens de bois ou de cuivre, en tirant des lignes droites, soit avec un cordeau ou autrement; & ajustant les vérités in-

intellectuelles à la matiére & aux sens, le plus exactement qu'il sera possible, on pourra satisfaire suffisamment à ce Problême, & de même à l'égard de plusieurs autres.

La plupart des questions sensibles & naturelles, & les plus ordinaires sont; *si une chose est*; *quelle elle est*; *quelles qualités elle a*; *quelles sont ses causes & ses effets*; *comment elle agit*, *& reçoit les actions des autres choses*.

Lorsque l'on demande si une chose est, comme, si ce que nous appellons le Soleil, est une chose qui existe véritablement; les principes pour le connoître & pour le prouver, sont la troisiéme demande, & le principe quarante-troisiéme.

Lorsque l'on demande, si une chose est une telle substance, ou une telle qualité: si la question est du nom, l'on y satisfera suivant les préceptes ci-dessus; si elle est de la chose, on se servira des principes 13, 14, & 15.

On demande quelquefois, ce qu'une chose est en elle-même; mais il est presque toujours impossible de satisfaire à cette demande. Car, puisque nous ne connoissons les choses naturelles que par les effets qu'elles font en nous, ou sur les autres choses; ou par les effets que nous faisons en elles, ou qui sont faits en elles par d'autres choses; & que les effets ne se font que selon le raport que les choses ont les unes aux autres: il est évident que nous ne pouvons savoir ce qu'elles sont en elles-mêmes, & qu'il suffit de connoître ce qu'elles sont à notre égard, & par raport aux autres choses.

La question, si une substance a telles qualités, se peut prouver par les principes 13, 14, 29, 30, & 31: mais il faut prendre garde de ne point confondre les qualités apparentes avec les réelles. Ainsi, la pesanteur sera prise plutôt pour un mouvement vers la masse de la terre, ou pour quelque impulsion, que pour une qualité qui soit dans le corps pesant. La lumiére sera prise pour un effet que l'œil reçoit du corps lumineux, qui le fait paroître lumineux. L'humidité ou moiteur qu'on donne à l'eau, sera prise pour une viscosité, qui fait qu'elle s'attache aux corps qu'elle touche, d'où ils sont dits être mouillez, c'est à dire pleins d'une partie de l'eau qui s'y est attachée.

La question, pourquoi une chose est, a deux significations: car, ou l'on demande à quoi elle sert, ou quelles sont ses causes agissantes ou efficientes. Dans le premier sens, il faut considérer de quelle utilité est cette chose, & quels effets elle produit dans les choses naturelles; comme, si l'on demandoit pourquoi il fait chaud en Eté, on regardera l'utilité de la chaleur, comme, de meurir les fruits, de faire croître les arbres, &c.

Pour les causes efficientes, leur existence se prouve par leurs effets, & l'existence des effets se prouve par leurs causes; le feu prouve l'existence de la chaleur, & la chaleur l'existence du feu ou du Soleil, ou du mouvement, &c. Le principe qu'on y peut employer le plus souvent, est l'onziéme : comme, si l'on demande pourquoi il fait chaud en Eté, on pourra remarquer que les rayons du Soleil sont plus à plomb, qu'ils passent par un moindre espace d'air grossier, & qu'ils demeurent plus long-tems sur l'horison. Les autres principes pour satisfaire aux questions des causes efficientes, sont les 18, 23, 27, 47, 48, & 49, & les maximes naturelles reçuës selon la proposition 50, telles que sont celles ci-dessus.

Il faut prendre garde quand on demande la cause d'un effet qui est reconnu être la cause d'un autre effet, de n'en point donner de causes incertaines, comme il a été remarqué dans le principe quarante-neuviéme. Ainsi, si l'on demande pourquoi la lumiére s'étend en lignes droites dans un même milieu; il suffira de dire, que c'est une loi de la nature que la lumiére s'étende en lignes droites par un même milieu transparent : & on la pourra tenir pour une cause premiére naturelle, suivant le principe vingt-quatriéme, jusques à ce qu'on en découvre une autre dont elle dépende, & par laquelle elle puisse être expliquée.

Pour ce qui est de savoir comment une chose agit, & reçoit les actions externes; il faut, par le moyen de ses diverses apparences, établir un Systême, ou en faire l'hypothêse, c'est à dire, supposer un état de la chose, auquel toutes les apparences puissent convenir; ou du moins qu'on n'en connoisse point qui y répugne, suivant le principe cinquante-troisiéme : & ces Systêmes supposez serviront aussi à prouver, au moins vrai-semblablement, les causes agissantes & les effets. Quoiqu'on ne soit pas assuré de la vérité d'un Systême, on ne laissera pas de s'en servir, si l'on peut expliquer & prévoir par son moyen les effets qu'il est important de savoir : Ainsi l'on peut se servir du Systême de *Ptolomée* pour le mouvement des Astres, soit qu'il soit vrai ou faux; puis qu'il nous peut faire prédire les éclipses du Soleil & de la Lune.

Il y a six causes principales du peu de progrès qu'on a fait jusques à présent dans la science des choses naturelles.

La premiére est, que nos sens ne nous représentent pas les choses telles qu'elles sont en elles-mêmes; mais telles qu'elles sont à notre égard, suivant le principe vingt-cinquiéme. Par cette raison l'on ne peut établir par l'attouchement les limites de ce qu'on doit appeller chaud ou froid; & l'on se trompe en jugeant que les caves profondes sont plus chaudes en Hiver qu'en Eté. On peut même croire qu'il y a plusieurs qualités dans les substances naturelles que nous ne pouvons connoître, parce qu'elles n'ont point de raport à aucun de nos sens.

La seconde est, que la plupart des Savans sont prévenus de plusieurs fausses opinions qu'ils ont reçuës des autres, ou qu'ils ont fondées sur de fausses apparences, ou sur de faux raisonnemens. Celui qui a dit ou qui a écrit ses sentimens sur quelques points de la Physique, fera rarement de bonne foi les expériences qui paroitront contraires à ce qu'il aura

aura soutenu ; & il tâchera de faire convenir à ses hypothêses tous les effets qu'il découvrira. Celui qui croit qu'un Auteur a mieux expliqué que les autres quelques effets particuliers, en tire d'ordinaire cette conséquence, qu'il explique mieux que les autres, tous les autres effets.

La troisiéme est, que plusieurs Philosophes s'attachent avec un grand soin à chercher les causes des principes d'expérience, quoiqu'ils soient suffisans pour expliquer beaucoup d'effets naturels selon la Proposition quarante-neuviéme; au lieu d'en tirer plusieurs belles conséquences, & d'imiter en cela les Géométres, qui ne cherchent point à prouver les premiers principes dont ils se servent, mais qui s'attachent à en tirer toujours de nouvelles conséquences.

La quatriéme est, que lorsque quelqu'un veut prouver par écrit quelques propositions touchant les causes de quelques effets, il ne peut faire voir sur le papier, les expériences sur lesquelles il a fondé ses raisonnemens; & même ces expériences sont souvent très-difficiles, tant pour la dépense, que pour le travail & l'exactitude : ce qui est cause qu'on néglige de les faire pour s'en assurer ; & qu'ensuite on les nie témérairement, ou bien on les reçoit mal à propos.

La cinquiéme est, que la plupart des Philosophes veulent rendre raison de tout, & que sans examiner toutes les apparences, & faire les expériences nécessaires, ils fondent témérairement leurs hypothêses sur les premiers effets qu'ils apperçoivent ; d'où il arrive que la plupart de ces hypothêses étant insuffisantes, ils tâchent vainement d'expliquer par elles les autres effets qui ont quelque raport à ces premiers.

La sixiéme est, que pour rendre raison des choses naturelles, on se contente souvent d'en chercher une seule cause ; & toutefois, pour l'ordinaire, il y en a plusieurs qui concourent à la production d'un effet, & y contribuënt diversement : d'où il suit qu'il est impossible de bien expliquer la plupart des effets, puis qu'on ignore la plupart de leurs causes ; & qu'il est difficile de ne les pas ignorer, puis qu'on ne les cherche point. Ainsi quelques Philosophes se sont contentés, pour expliquer les mouvemens qui arrivent aux corps durs égaux ou inégaux, après s'être choquez avec des vitesses égales ou inégales, de poser pour hypothêse, que la quantité de mouvement ne s'augmente point, & ne se diminuë point dans la nature. Or pour faire voir l'insuffisance de cette hypothêse, & pour donner en même tems un modéle de ce qu'il faut observer, pour rechercher & pouvoir découvrir ensuite les différentes causes des effets naturels ; on pourra se servir de l'exemple suivant.

Exemple de ce qu'il faut obſerver pour la recherche des Cauſes naturelles.

ON reconnoît par l'expérience, que ſi on prend deux boules d'ivoire, dont l'une péſe trois fois autant que l'autre, & qu'on les ſuſpende à deux filets de même longueur, enſorte que leurs centres étant à même hauteur, elles ſe touchent ſans s'appuyer l'une ſur l'autre; & qu'ayant élevé la moindre à une certaine hauteur, comme par exemple, à un arc de cercle de vingt degrez, on la laiſſe aller contre l'autre directement; la plus groſſe après le choc s'élévera à la hauteur de dix degrez à peu près, & la petite retournera en arriére à une pareille hauteur de dix degrez: & ſi étant toutes deux à une hauteur de dix degrés, on les laiſſe aller en même tems l'une contre l'autre, en ſorte qu'elles ſe choquent directement avec des viteſſes égales; la plus groſſe demeurera en repos après le choc, & la petite retournera en arriére juſques à la hauteur de vingt degrez à peu près. On demande pourquoi ces mouvemens ſe font de cette ſorte, & comment on peut les expliquer.

Pour y parvenir, il faut commencer par pluſieurs expériences ſur des boules molles de terre glaiſe, de mêmes poids, & de poids différens; & on pourra remarquer que leur enfoncement ſera égal, ſoit qu'elles ſe rencontrent après avoir été élevées toutes deux de part & d'autre à la hauteur de dix degrés, ou qu'une ſeule ait été élevée à vingt degrez: & ſi on ſait ce que *Galilée* à écrit ſur le mouvement accéleré des corps qui tombent, & qu'enſuite on ait connu que la viteſſe qu'un corps acquiert en tombant par un arc de 20 degrez, eſt double, à fort peu près, de la viteſſe qu'il acquiert en tombant par un arc de dix degrés; on pourra juger *qu'il ſe fait un même effort, ſoit qu'un corps avec une certaine viteſſe en rencontre un autre directement, ſoit qu'ils ſe rencontrent ayant chacun la moitié de cette viteſſe*; ce qu'on pourra prendre pour un principe d'expérience, ou loi de nature.

On pourra auſſi remarquer deux autres principes, en faiſant pluſieurs autres expériences avec ces boules molles: ſavoir, que *lors qu'un corps en rencontre directement un autre en repos, & ſe joint à lui, la même quantité de mouvement qu'avoit le premier, eſt dans les deux corps après le choc*; & que *s'ils vont l'un contre l'autre, & que leurs quantités de mouvement ſoient inégales, la moindre ſe perdra entiérement, & il s'en perdra autant de l'autre, & les deux corps n'auront enſemble que la quantité de mouvement reſtante.* Mais il faudra avoir défini auparavant que la quantité de mouvement d'un corps eſt le produit du nombre qui exprime ſon poids, par le nombre qui exprime ſa viteſſe.

Après

Après avoir bien examiné la vérité de ces trois Principes, il faudra ensuite reconnoître que les corps durs, comme l'ivoire, le marbre, le jaspe, le verre, &c. ont une vertu de ressort, comme les balons pleins d'air bien pressé; c'est à dire, qu'ils s'enfoncent un peu par le choc, & qu'ils reprennent ensuite leur premiére figure, & qu'en la reprenant, ils se repoussent l'un l'autre: ce qu'on pourra juger en laissant tomber d'environ un pié de hauteur, une petite boule de jaspe ou d'acier sur une enclume, ou sur une raquette bien affermie sur une table ou sur un plancher; car on verra remonter la petite boule à la même hauteur à peu près. D'où l'on pourra tirer ce quatriéme Principe, que *lors qu'un corps inébranlable, & ayant ressort, a été enfoncé par le choc d'un autre, il repousse ce corps par la vertu de son ressort, & lui redonne une vitesse pareille à celle qu'il avoit immédiatement avant le choc.* On pourra encore frotter legérement avec quelque graisse, une petite enclume bien polie & bien trempée, & après l'avoir un peu essuyée avec la main, laisser tomber dessus, de diverses hauteurs, une boule d'ivoire d'environ un pouce & demi de diamétre: car on verra sur l'enclume de petites marques rondes qui paroîtront au grand jour, dont les unes seront plus larges que les autres; comme, si on laisse tomber cette boule de quatre ou cinq piés de hauteur, la marque aura environ trois lignes de diamétre; & si elle tombe de trois ou quatre pouces, elle n'aura pas une ligne de diamétre: ce qui fait voir que la boule s'applatit diversement comme un balon, & qu'elle reprend ensuite sa premiére figure, puis qu'elle demeure ronde, & sans enfoncement après le choc; d'où l'on pourra juger que deux boules d'ivoire ou de verre, &c. s'enfoncent l'une l'autre en se choquant, & qu'elles se repoussent ensuite par leur vertu de ressort.

On pourra encore par le moyen de ce quatriéme Principe en découvrir un cinquiéme, savoir, que *lorsque deux corps se sont mis en ressort en se choquant avec de certaines vitesses, ils prennent en se séparant, chacun une partie de la somme de ces vitesses en proportion réciproque de leurs poids:* c'est à dire, que si l'un pése trois fois plus que l'autre; en se séparant par l'action de leurs ressorts, le moindre prendra une vitesse triple de celle que prendra le plus pesant.

Tous ces Principes étant bien établis par plusieurs expériences, tant sur les corps à ressort ferme, que sur les autres qui l'ont foible & visible comme les balons, &c. sans qu'aucune y soit contraire; on pourra juger qu'ils pourront servir à expliquer les effets des boules d'ivoire, dont l'une a son poids triple du poids de l'autre: Savoir, que si elles se choquoient l'une l'autre avec une vitesse de dix degrés, sans considérer leur vertu de ressort; la plus grande auroit trente de quantité de mouvement avant le choc, savoir le produit de trois de poids par dix de vitesse, & la moindre seulement dix; & que par le troisiéme Principe ci-dessus, il ne resteroit dans les deux boules jointes ensemble

ſemble après le choc que vingt de quantité de mouvement ; & que, par conſéquent, leur viteſſe commune ne ſeroit que de cinq degrés, puiſque le nombre de la ſomme de ces poids eſt quatre, & que vingt eſt le produit de quatre par cinq. On jugera enſuite, qu'à cauſe du reſſort elles doivent ſe repouſſer & s'écarter l'une de l'autre : & que s'étant choquées avec une viteſſe totale de vingt degrez, ſuivant le premier Principe ci-deſſus, puiſque chacune avoit une viteſſe de dix degrez ; la plus peſante en prendra cinq de ces vingt, & la moins peſante quinze, par le cinquiéme Principe ci-deſſus. Et ſi on fait les régles des mouvemens compoſez, on pourra connoître que la plus groſſe, qui ſans le reſſort s'avanceroit avec une viteſſe de cinq degrez, étant repouſſée en arriére par le reſſort avec une pareille viteſſe de cinq degrez, elle doit demeurer en repos, parce que l'un de ces deux mouvemens détruit l'autre ; & que la moindre, qui auroit auſſi cinq degrez de viteſſe ſans le reſſort, recevant encore par le reſſort quinze degrez de viteſſe de même part, elle devra aller avec une viteſſe de vingt degrez, par ces mêmes régles des mouvemens compoſez. Que ſi la petite choque l'autre avec une viteſſe de vingt degrez, on pourra juger, que, ſelon le ſecond principe de cet exemple, elles iroient enſemble avec une viteſſe de cinq degrez ſans le reſſort, à cauſe qu'il faudroit qu'elles euſſent enſemble la même quantité de mouvement que la premiére avoit avant le choc, qui étoit vingt, produit de vingt degrez de viteſſe par un de poids, qui eſt auſſi le produit de quatre de poids par cinq de viteſſe : Mais le choc s'étant fait par une viteſſe de vingt degrez, la force de leur reſſort les fera ſéparer, en ſorte que la plus groſſe prendra encore une viteſſe de cinq degrez par le cinquiéme Principe, qui étant jointe à la premiére de cinq degrez, ſa viteſſe entiére devra être de dix degrez : & la petite, qui s'avançoit avec une viteſſe de cinq degrez, étant repouſſée en arriére par le reſſort avec une viteſſe de quinze degrez ; il lui doit reſter ſeulement une viteſſe de dix degrez par les régles des mouvemens compoſez. Ainſi l'on pourra connoître, que ces cinq Principes, & ceux qui ſervent à expliquer les mouvemens compoſez, pourront ſervir à expliquer ces effets & beaucoup d'autres dans les boules qui ſeront égales en poids & en viteſſes, ou qui auront des proportions différentes tant à l'égard des poids que des viteſſes ; qu'on ne peut les bien expliquer ſans avoir la connoiſſance de ces Principes ; & qu'on ne peut l'acquérir qu'après avoir fait pluſieurs expériences. De là on pourra juger que l'hypothêſe de la quantité de mouvement qui ne ſe perd point & ne s'augmente point, eſt inſuffiſante pour rendre raiſon de tout ce qui arrive dans le choc des corps, & qu'elle eſt même fauſſe dans les deux expériences ci-deſſus ; puis qu'en la premiére, la quantité de mouvement diminuë de moitié après le choc ; & qu'en la deuxiéme, elle augmente de moitié.

Il faut donc prendre garde de ne point tomber en ces défauts, & particuliéticuliérement de ne pas prendre de faux principes en cherchant trop curieusement les causes des effets naturels : car enfin, il vaut bien mieux se contenter d'une belle & ample histoire des principaux effets de la nature, connus par des expériences certaines, quoiqu'on n'en sache pas toutes les causes, que de perdre son tems à vouloir établir de fausses hypothêses pour tâcher d'expliquer les plus difficiles, comme le ressort des corps, la vertu de l'aimant, &c. & faire ensuite une infinité de faux raisonnemens, qui empêchent l'avancement de la Physique. Ainsi les Médecins pourront se contenter de savoir qu'un tel reméde est propre à guérir d'un tel mal ; ou du moins qu'un tel reméde venu d'un tel païs, guérit ordinairement d'un tel mal, un homme d'un tel tempérament. Mais il faut avoir une connoissance exacte de ces expériences, & les avoir trouvées très-souvent véritables à point nommé : c'est ce qu'on pourra appeller Médecine expérimentale, & dont on pourra se servir jusques à ce qu'on ait découvert les véritables causes des maladies & des effets des remédes ; mais on n'a pas droit d'appeller Médecine méthodique & fondée sur le raisonnement, celle qui est appuyée sur de faux principes, & sur une longue suite de conséquences tirées de ces faux principes. Suivant donc cette méthode, on fera plusieurs diverses expériences, & on en examinera exactement toutes les apparences, pour ne point établir une fausse hypothêse, ou pour corriger celles qui sont reçuës pour vraiës, si elles ne le sont pas. Ainsi, pour établir une hypothêse assurée, qui pût servir à rendre raison des vents, & à les prédire ; il faudroit que diverses personnes en diverses Provinces, peu & beaucoup éloignées, eussent fait des observations en même tems, pour connoître où ils commencent, & où ils finissent ; si un même vent régne en même tems en toute la surface de la Zone torride, ou non ; si un vent Nort & Sud continuë cette route par un long espace, & de quelle largeur est cet espace, &c. desquelles observations on examinera la vérité par les propositions 51. & 52.

De même, pour trouver la cause du flux & du reflux de la mer, il faudroit avoir l'histoire de plusieurs observations exactement faites en diverses Côtes, pour savoir s'il se fait en même tems aux Côtes opposées de l'*Afrique* & de l'*Amérique*, ou successivement ; si aux Côtes qui sont de part & d'autre de l'Isthme de *Panama*, la mer s'éléve à la même heure, ou non ; si elle s'éléve plus auprès des Poles, qu'auprès de la Ligne Equinoctiale ; si le cours des marées, qui vont de l'Orient à l'Occident proche les Iles des *Antilles*, ne procéde pas de la réflexion que les eaux font contre les Côtes de l'*Afrique*, passant de la mer du Sud en la mer du Nord, &c. Mais, il faut un grand nombre de ces observations ; & deux ou trois ne suffisent pas pour fonder une hypothêse, & pour la faire recevoir, notamment lors qu'il n'y a aucune analogie, ou aucune autre marque d'une chose semblable dans la Nature.

Pour

Pour ſavoir ſi c'eſt le poids de l'air qui fait qu'on a peine à ſéparer deux ſurfaces de marbre ou de verre planes & polies, qui ſe touchent exactement; ou ſi c'eſt un mouvement, ou pente naturelle qu'ont tous les corps ſublunaires de ſe tenir joints les uns aux autres; ou quelque autre cauſe : on pourra ſuſpendre ſous un grand verre cilindrique renverſé deux petits miroirs d'acier ainſi joints, & ayant ôté à peu près tout l'air qui eſt ſous le verre par le moyen de la machine qu'on appelle machine pour faire le vuide; ſi les miroirs ſe ſéparent auſſi difficilement dans cet air dilaté que dans l'air ordinaire; on n'attribuëra pas au ſeul poids de l'air ou à ſon reſſort, cette jonction de ces ſurfaces de marbre.

Pour bien parler des Métaux, des Minéraux & des autres mixtes de la terre, il faut faire auſſi pluſieurs expériences, en les fondant, calcinant, diſtillant, &c. ſur leſquelles expériences on pourra établir des hypothêſes & des principes, ou loix de la nature, qui pourront ſervir à expliquer leurs effets & leurs cauſes, &c. On en uſera auſſi de même pour chercher les cauſes de la grêle, de la pluië, du tonnerre, & des autres effets ſemblables.

Pour ſavoir les raiſons pourquoi beaucoup de fleurs, comme les tulippes, le ſouci, &c. ſe tournent vers le Soleil; on pourra remarquer que ce qui eſt échauffé ſe deſſeiche, & enſuite ſe retreſſit; & ſuppoſant la figure ABCD pour la tige de la fleur, on jugera que la partie BD étant échauffée, elle ſe doit retreſſir comme en EF. Or ſi la tige demeuroit droite, il faudroit que AB s'allongeât comme en AE, & CD en CF; ce qui ſeroit fort difficile, & feroit rompre ou ſéparer les fibres de la tige. Il reſte donc que la tige ſe courbe en circonférence, comme en la figure *a b c d*; car en ce cas, BD pourra être moindre que AC ſans un grand effort, & ſans que AB & CD s'allongent, puiſque les circonférences des cercles intérieurs ſont moindres que celles des extérieurs qui ont un même centre: & ceux qui ſauront cette raiſon, la pourront donner, & confirmer cette hypothêſe par l'expérience de beaucoup de choſes qu'on approche du feu, qui ſe courbent du côté qu'elles ſont échauffées.

TAB. XXV. Fig. 7.

Si on demande pourquoi le bleu & le verd ſont difficiles à diſcerner de nuit à la chandelle; on pourra remarquer, que lors qu'un peintre mêle du bleu avec du jaune, il s'en fait une couleur verte; & enſuite on pourra tirer la conſéquence, que la flamme de la chandelle étant jaunâtre, & mêlant la couleur de ſa lumiére avec celle de l'objet qui paroît bleu de jour, il paroitra verd la nuit à cette flamme : comme auſſi, ſi on regarde une fleur jaune à une lumiére bleuë, telle que celle du ſouphre, ou de l'eſprit de vin; elle paroitra verte. On pourra même tirer des conſéquences d'une choſe à une autre à peu près ſemblable, ſuivant le Principe quarante-ſeptiéme : comme, ſi on a remarqué qu'un arbre ayant perdu une partie de ſon écorce par où coule la la séve qui le nourrit, se recouvre plutôt, & se rétablit en moins de tems, lors qu'on met de la bonne terre près de ces racines, & qu'on l'arrose souvent; on pourra tirer cette conséquence, que pour guérir promptement un homme blessé, il ne faut pas lui soustraire les alimens, & le faire jeûner.

Il est bon de remarquer, que dans les Sciences qui sont mêlées de Mathématique & de Physique, comme l'Optique, la Méchanique, &c. on doit toujours se servir de quelques principes d'expérience. Ainsi dans l'Optique, il faut nécessairement employer ces trois principes d'expérience: savoir; *que les rayons de lumiére s'étendent en lignes droites par un même milieu*; *que passant d'un milieu en un autre de différente transparence, ils se rompent*; *& que l'angle de leur reflexion sur une surface polie, est égal à celui de leur incidence.* Mais ceux qui voudront entreprendre de rendre raison des effets naturels, sans faire auparavant plusieurs expériences, ou sans avoir appris celles des autres, & avoir remarqué par ce moyen plusieurs Régles de la Nature; tomberont souvent en erreur, ou en l'impossibilité de bien expliquer ces effets: au lieu que ceux qui sauront beaucoup de ces Principes, parviendront souvent à la connoissance de beaucoup de vérités obscures & difficiles, & en tireront des conséquences pour l'exécution de plusieurs Problêmes très-utiles.

ARTICLE III.

Des Principes des Propositions Morales.

IL y a des Principes de diverses sortes qui peuvent servir à la preuve des Propositions morales; car les vérités intellectuelles & les sensibles y peuvent être employées: Comme, lors qu'il s'agit de faire le choix entre deux biens, & qu'on veut connoître si les possibilités de l'un surpassent les possibilités de l'autre, &c. il faut nécessairement se servir des Régles de la science des nombres; & si l'on veut savoir ce que le cœur & le cerveau contribuënt aux passions & aux mœurs des hommes, il faut avoir une connoissance exacte de la structure, & des fonctions de ces parties.

Les Principes qui concernent particuliérement la Morale, sont de deux sortes. Les uns prescrivent ce qu'on doit faire; comme,

Il ne faut pas faire à autrui, ce que nous ne voudrions pas qu'on nous fit.

Il faut donner un droit égal à ceux qui sont égaux.

Il faut établir les loix pour l'utilité de ceux qui s'en doivent servir.

Les autres ont pour sujet les mœurs & les inclinations des hommes; comme,

Nous sommes curieux d'apprendre ce que nous ignorons.

Nous haïssons ceux qui nous contredisent.

Les plus forts usent le moins de précaution.

Ceux de la premiére sorte ont pour Principe général cette Proposition, *Il faut faire ce qui est le mieux*; & l'on prouve qu'une chose est meilleure qu'une autre, lors qu'on fait voir qu'il en arrive plus de bien, & moins de mal; de laquelle preuve on pourra trouver les principes en examinant & considérant les liaisons & conséquences des choses que l'on compare ensemble, & on les examinera par le principe 96, &c. & par la définition qui le précéde.

Les Principes de la seconde sorte se prouvent par induction & expérience: Mais on trouve quelquefois des expériences contraires; ainsi il peut arriver qu'on ne se soucie pas d'apprendre quelque chose particuliére qu'on ignore, & qu'un plus fort use de précaution.

On peut mettre au nombre de ces deux sortes de Principes, la plupart des proverbes, entre lesquels on en pourra aussi trouver qui seront opposez l'un à l'autre, à cause des diverses conjonctures, & des différentes suites des biens & des maux.

On se sert de ces Principes, ou pour régler la conduite de chaque particulier, & alors on les appelle Principes de Morale; ou pour régler ce qui concerne le public, & en ce cas on les appelle Principes ou maximes de politique: mais souvent on confond la signification de ces noms.

Il faut s'étudier à savoir beaucoup de ces Principes; car ceux qui en sauront le plus, pourront mieux prouver & prévoir les événemens, & resoudre les questions de Morale. Ainsi ceux qui sauront que la plupart des hommes suivent ordinairement le devoir naturel, & se soucient peu du devoir de convenance, pourront prouver que dans un Etat où il n'y a point de punition établie pour l'injustice des Juges, ils rendront souvent des jugemens injustes, en faisant voir qu'en beaucoup d'occasions il leur paroitra plus avantageux de juger injustement, que de juger selon les loix établies.

Les mœurs des hommes sont si différentes, & les événemens des choses sont si incertains, & leurs circonstances si peu semblables, qu'il est presque impossible de pouvoir rien conclure d'assuré dans la plupart des questions de Morale & de Politique: Comme, si on propose de savoir lequel est le meilleur pour appaiser une sédition, d'employer la clémence ou la rigueur; on trouvera plusieurs avantages & plusieurs inconvéniens de part & d'autre, qui paroitront plus ou moins considérables, selon les différens sentimens des personnes qui voudront les examiner; on pourra même ignorer quelques-uns de ces avantages, & de ces inconveniens: d'où il s'ensuit, qu'on ne pourra se servir avec certitude du Principe 96. pour la résolution de cette question, & que tous les raisonnemens qu'on y fera, ne seront que vrai-semblables. On trouvera de semblables difficultés dans beaucoup d'autres questions de cette na-

nature. Et on peut s'étonner avec raison de ce que *Socrate* étant rebuté de l'étude des choses naturelles, crût trouver mieux son compte dans l'étude de la Morale: puisque les conclusions en sont encore moins certaines; & que si la Physique est difficile à cause qu'il faut souvent chercher plusieurs causes pour expliquer un effet naturel, la Morale le doit être encore davantage, par le grand nombre des choses qu'il faut souvent considérer pour bien juger de ce que nous devons suivre ou éviter.

Voici quelques Régles dont on pourra se servir.

S'il s'agit du choix d'un bien ou d'un mal, on pourra employer les principes 83, 84, 85, &c. & l'on examinera la probabilité des événemens par les 44, & 45, ou par d'autres qu'on jugera pouvoir servir, soit intellectuels ou d'expérience.

Il faut prendre garde, suivant le Principe 97, de ne se point tromper en considérant la grandeur des choses, au lieu de considérer les avantages & les commodités qui nous en reviennent. Comme, si un homme a vingt mille écus de bien, & qu'on lui propose de les jouër en un seul coup contre 100000 écus; quelques-uns pourroient croire qu'il auroit de l'avantage à le faire, selon la proportion de 5 à 1. Mais en ces cas, il ne faut pas considérer la quantité physique & réelle des choses; mais il les faut considérer moralement, c'est à dire selon la grandeur des avantages, ou des incommodités que nous en recevons. Or, 20000 écus suffisent pour faire vivre un homme à son aise, & 100000 écus de plus n'augmentent son bon-heur, qu'à peu près, comme de 3 à 2, ou de 3 à 1. Mais, s'il perd ses 20000 écus, il tombe dans la misére & dans une pauvreté entiére; & la proportion d'avoir du bien suffisamment pour vivre à son aise, ou de n'avoir rien du tout, est une proportion presque infinie, ou comme 100000 à 1. D'où l'on pourra juger, qu'il ne doit pas jouër ses 20000 écus contre 100000 en un seul coup; mais bien 20 écus contre 100. On se servira de ces diverses régles de proportion, comme de principes certains pour prouver des cas semblables.

La convenance est une des causes de nos actions, & nous les réglons quelquefois par les seuls principes qui en dépendent: & même nous jugeons presque toujours de la bonté des actions d'autrui, & de l'estime qu'il en faut faire, par ces seuls principes, & rarement par ceux du devoir naturel, quand il n'est pas joint à celui de convenance; à cause que nous ne ressentons pas les plaisirs que les autres reçoivent d'une action qui leur plaît, & que par cette raison nous n'en considérons que la difformité ou la convenance: Mais chaque particulier régle ordinairement ses actions par le devoir naturel, & il y en a peu à qui la convenance seule paroisse le plus grand de tous les biens. On pourra employer l'une ou l'autre de ces sortes de principes, ou toutes les deux, selon la connoissance qu'on aura des inclinations de ceux qu'on veut per-

persuader : & si on a connu par les Histoires ou autrement, que les plus grands maux qui arrivent aux hommes, procédent des violences & des injustices qu'ils se font les uns aux autres ; on pourra juger que pour les rendre suffisamment heureux, il faut faire ensorte que le devoir naturel ne puisse être séparé de celui de convenance, ou du moins très-rarement, en établissant des loix qui puissent empêcher par les grandes punitions qu'elles ordonneront, qu'on ne recherche aucun bien de ceux qui ne se peuvent obtenir qu'en faisant un mal considérable à un autre.

Il y a beaucoup de questions de Morale & de Politique, qu'on ne peut resoudre que par une longue suite de propositions prouvées : & alors il faudra suivre la même méthode dont on se sert dans les Sciences intellectuelles ; c'est à dire, qu'il faudra chercher les différens principes qui pourront y servir, & prévoir quelles seront les propositions qu'il faudra prouver avant que de pouvoir resoudre la question ; & on mettra ces principes & ces propositions par ordre pour les citer selon cet ordre, quand on voudra faire la preuve.

Pour les Problêmes de Morale, qui ne sont autre cho que trouver les moyens pour obtenir quelque bien, ou pour éviter quelque mal, il faut chercher les principes intellectuels & sensibles, & les propositions morales qui y peuvent servir. Mais les événemens ne peuvent être prouvez infaillibles : car les moindres circonstances différentes les peuvent changer ; & dans le détail nous ne pouvons savoir que très-difficilement, si ceux à qui nous avons à faire, ont les mœurs semblables à ceux dont nous avons eu la connoissance, soit par nous-mêmes, soit par les Histoires : On pourra seulement inférer vrai-semblablement par les actions passées des hommes, ce qu'ils pourront faire en une conjoncture semblable, selon le principe dix-huitiéme. Que si l'on veut tâcher de deviner le secret d'une action, comme de savoir les desseins qu'on a contre nous, &c. il faut supposer un Systême, & voir si toutes les apparences y conviennent selon la Proposition cinquante-deuxiéme.

Et généralement en toutes sortes de Propositions, soit intellectuelles, sensibles, ou morales, il faut pour trouver les principes & pour les prouver, considérer ce pour quoi, ou par quoi une chose est, ou peut être connuë telle qu'on la propose, ou le bien pour lequel elle doit être faite. Ainsi, pour prouver qu'il faut suivre la vertu, il faut chercher quels sont les avantages qu'elle apporte aux hommes ; & pour prouver qu'un homme est raisonnable, il faut chercher ce qui le rend raisonnable, ou le fait appeller raisonnable : & ce qu'on aura trouvé, servira de terme de connexité, par le moyen duquel on fera la preuve, comme il sera montré dans le troisiéme Discours.

TROI-

TROISIÉME DISCOURS.

De la Méthode pour faire les Argumens, & les mettre en ordre pour servir à la preuve de quelques propositions douteuses, ou à l'établissement de quelque Science.

APrès avoir trouvé les principes & les propositions prouvées, qu'on a jugé pouvoir servir à la preuve des propositions douteuses; on les employe pour former les propositions des Argumens.

Les Argumens sont ordinairement composez de trois propositions, dont la derniére est celle qui est à prouver, qui s'appelle la Conclusion; les deux autres sont celles où se trouve le terme moyen, qu'on appelle autrement terme de connexité, qui les lie avec la conclusion.

La proposition dans laquelle le terme de connexité se trouve avec l'attribut de la conclusion, s'appelle la Majeure, ou la plus grande Proposition de l'Argument; & celle où il se trouve avec le sujet de la conclusion, s'appelle la Mineure ou la moindre Proposition.

Par exemple, pour faire un Argument par lequel on puisse prouver que la Science est désirable: ayant trouvé & choisi par les régles contenuës dans le second Discours, *l'utilité*, pour être le terme de connexité, parce que c'est une des causes qui doit faire désirer la Science; on lui joindra l'attribut de la Conclusion pour faire la Majeure, en cette sorte, *Tout ce qui est utile est désirable*; ensuite on lui joindra le sujet pour faire la Mineure, *la science est utile*; d'où l'on tirera la Conclusion, *donc la science est désirable.*

Il est indifférent que la Majeure soit énoncée la premiére; car cet Argument qui suit, est aussi bon que l'autre.

La science est utile.
Tout ce qui est utile, est désirable.
Donc la science est desirable.

Même dans l'ardeur du raisonnement, il est plus naturel de faire l'Argument en cette derniére maniére.

Que si la proposition à prouver est négative, comme, *le vice ne doit pas être aimé*; ayant pris pour terme de connexité, qu'il apporte du deshonneur, on fera l'Argument en cette sorte.

Ce qui apporte du deshonneur, ne doit pas être aimé.
Le vice apporte du deshonneur.
Donc le vice ne doit pas être aimé.

Lorsque l'une des deux premiéres propositions, ou toutes les deux ne ne sont pas des vérités premiéres ; il faut les prouver par d'autres, & celles-ci par d'autres, jusques à ce qu'on soit arrivé aux vérités premiéres ; ou bien commencer par celles qui sont immédiatement comprises sous les vérités premiéres, & continuër jusques à celles qui sont à prouver.

Quand les principes pour prouver, ne sont que de vrai-semblance, suivant les principes 44, 45, 46, &c. les conséquences ne seront aussi que vrai-semblables : *Aristote* appelle Enthymêmes ces Argumens de vrai-semblance.

EXEMPLE D'ENTHYMEME.

Les méres aiment ordinairement leurs enfans.
Celle-ci est mére.
Donc elle aime son enfant.

La plupart des Logiciens appellent Enthymêmes les Argumens de deux propositions, parce qu'on donne ordinairement pour exemple d'Enthymême cet Argument de deux propositions.

Celle-ci est Mére.
Donc elle aime son enfant.

Ce n'est pas néanmoins par le nombre des propositions qu'*Aristote* définit l'Enthymême, mais par leur probabilité, & lors qu'elles ne sont fondées que sur des signes.

D'où il s'ensuit, qu'on ne doit pas appeller *Enthymême* cet Argument de deux propositions, *ce Triangle est Isoscéle, donc les deux angles sur sa base sont égaux* ; puisque cette conclusion est nécessaire & infaillible.

C'est une chose fort peu utile d'enseigner de combien de sortes d'Argumens on peut faire : car cela n'aide de rien à inventer les preuves, n'y à faire de bons Argumens ; non plus que de savoir combien il y a de figures qui servent à orner un discours, ne contribuë guére à l'éloquence d'un Orateur. Voici ce qu'on en peut dire de plus important, & qui a été fondé sur les remarques que quelques-uns ont faites de plusieurs sortes de bons Argumens.

Il y a plusieurs figures d'Argumens, & plusieurs modes ou façons en chaque figure. Les figures sont distinguées par les diverses situations du terme moyen, ou de connexité, dans les deux premiéres propositions de l'Argument. Si ce terme est le sujet en la Majeure, & l'attribut en la Mineure, c'est une figure qu'on appellera, si l'on veut, la premiére, parce que c'est la plus ordinaire.

EXEMPLE.

Tout animal est vivant.

Tout

Tout homme eſt animal.
Donc tout homme eſt vivant.

S'il eſt l'attribut dans les deux premiéres propoſitions, ce ſera la ſeconde figure.

EXEMPLE.

Nulle pierre n'eſt ſenſible.
Tout homme eſt ſenſible.
Donc nul homme n'eſt une pierre.

S'il eſt le ſujet dans l'une & dans l'autre, ce ſera la troiſiéme figure.

EXEMPLE.

Les mouches volent.
Les mouches ſont des animaux ſans plumes.
Donc il y a des animaux ſans plumes qui volent.

Enfin s'il eſt l'attribut en la Majeure, & l'attribut en la Mineure, ce ſera la quatriéme figure.

EXEMPLE.

Nul eſclave n'eſt libre.
Quelque libre eſt miſerable.
Donc quelque miſérable n'eſt pas eſclave.

On peut ici remarquer qu'*Ariſtote* & la plupart de ſes ſectateurs, qui accablent les Lecteurs du grand nombre de leurs régles de Logique, n'ont point parlé de cette quatriéme figure.

Pour les modes ou façons de chaque figure, leur diverſité procéde de l'affirmation ou négation, & de l'univerſalité ou particularité des propoſitions de l'Argument; car toute propoſition eſt ou particuliére affirmative ou particuliére négative, ou univerſelle affirmative ou univerſelle négative; & dans ce ſens, cet Argument de la premiére figure,

Tout animal eſt vivant,
Tout homme eſt animal, &c.

eſt d'un autre mode que celui-ci de la même figure.

Nulle choſe ſenſible n'eſt une pierre.
Tout homme eſt ſenſible.
Donc nul homme n'eſt une pierre.

La plupart des Logiciens donnent de certaines régles pour ces figures & pour ces modes : comme celles-ci; que les propoſitions négatives ſe prouvent plus facilement par la ſeconde figure que par les autres; que dans les argumens de la premiére figure la mineure ne doit point être

être négative ; que dans ceux de la seconde, l'une des deux premiéres propositions doit être négative ; &c. Mais ces régles ne sont nullement nécessaires, ni pour bien faire les argumens, ni pour prouver leur bonté, ce qui est manifeste ; car quand on cherche un terme de connexité pour prouver quelque question, on ne se met point en peine (ou du moins très-rarement) de quelle figure ou de quel mode sera l'argument : On ne peut aussi être assuré de la bonté de ces régles, si elles ne sont prouvées ; & cette preuve ne pouvant être faite que par des argumens, il s'ensuit que la bonté des argumens qui prouvent la bonté de ces régles peut être connuë sans elles, puis qu'elles ne sont pas encore établies. Il est vrai qu'après qu'on a fait des argumens de plusieurs sortes, & qu'on a connu leur bonté par la faculté naturelle que nous avons de connoître la connexité des propositions, comme il a été dit dans le Principe quatriéme ; on peut considérer ensuite les différentes maniéres & proprietez de ces argumens, & les dispositions des termes des propositions, &c. pour en faire des remarques & des régles. Mais la connoissance de ces régles & de leurs démonstrations est une science particuliére qu'on peut négliger, non seulement parce qu'elle est très-difficile à apprendre, mais parce qu'elle est inutile pour les autres sciences ; étant plus sûr & plus facile de considérer avec un peu d'attention les connexitez des propositions qu'on employe à une preuve de Géométrie ou de Physique, que de les examiner par des régles, dont on aura peine à se souvenir, & qui d'ordinaire sont inconnuës à ceux à qui on parle.

C'est encore une chose fort peu utile, de remarquer toutes les proprietez des propositions & de leurs termes : comme, qu'il y a des propositions nécessaires, contingentes, conditionnelles, modales, &c ; qu'il y a des termes simples, complexes, connotatifs, &c. Car, quelque soin qu'on y apporte, il est presque impossible de remarquer toutes leurs différences ; & ces remarques ne font pas qu'on prouve mieux ce qu'on veut prouver, ni qu'on discerne mieux la connexité des propositions : c'est pourquoi on s'est dispensé d'en parler ici, & on a crû que les observations suivantes pourroient suffire.

Il y a de deux sortes de preuves, l'une s'appelle directe, & l'autre indirecte.

La preuve directe montre qu'une proposition est vraië, parce qu'elle est comprise sous des véritez certaines, & a de la connexité avec elles.

La preuve indirecte montre qu'une proposition est vraië, parce que sa contraire ou négative est fausse ; ou qu'une proposition est fausse, parce qu'en la supposant vraië, il suit une absurdité, c'est à dire une fausseté évidente : on l'appelle autrement preuve par supposition de faux, ou preuve par l'absurde. La quatriéme Proposition d'*Euclide* & la cinquiéme sont prouvées par des preuves directes : la sixiéme est prou-

prouvée par une preuve indirecte, en supposant qu'une ligne qui est égale à une autre est plus grande, & faisant voir que de cette supposition il suivroit une fausseté premiére, savoir qu'une partie d'un tout seroit égale à ce tout.

EXEMPLE DE PREUVE DIRECTE.

Un astre ne luit pas par sa propre lumiére, lors qu'un corps opaque étant interposé entre lui & le Soleil, il s'obscurcit.
La Lune s'obscurcit lors que la terre est interposée entre elle & le Soleil.
Donc la Lune ne luit pas par sa propre lumiére.

EXEMPLE DE PREUVE INDIRECTE POUR PROUVER QU'UN HOMME N'EST PAS UNE PIERRE.

Un homme est une pierre (par supposition)
Toutes les pierres sont insensibles,
Donc un homme est insensible; ce qui est faux & absurde: & par conséquent il est vrai qu'un homme n'est pas une pierre.

Lors que les propositions douteuses sont peu éloignées des principes, la preuve en est assez facile.

EXEMPLE.

Ce qui a du sentiment & du mouvement de soi-même, est vivant.
Un homme a du sentiment & du mouvement de soi même.
Donc un homme est vivant.

Si on nie la majeure, il est évident que la question est du nom, & que c'est la définition qu'on nie, c'est à dire que ce qui a du sentiment & du mouvement de soi-même ne doit pas être appellé vivant; & alors il faut le prouver par induction, en le faisant dire à plusieurs hommes, & c'est le principe sensible de cette définition, comme il a été dit dans le second Discours.

Si on nie la mineure, on la prouve encore par induction & expérience, selon le principe neuviéme, en voyant marcher un homme, & en lui faisant quelque douleur, dont il paroisse avoir le sentiment. Or ces sortes de propositions, qui sont immédiatement comprises sous leurs principes, se peuvent souvent prouver par un seul argument. Mais, si on veut prouver une proposition éloignée de ses principes, comme celle-ci, *un homme est composé des mêmes Elemens qu'un arbre*; il en faut beaucoup davantage: & même en quelques propositions de Géométrie & d'Arithmétique, quoiqu'elles soient immédiatement comprises sous leurs principes, ou qu'elles en soient peu éloignées, il faut employer plusieurs argumens. Nous prendrons pour exemple la construction

& la preuve du Problême du triangle équilateral, dont l'Analyse a été enseignée dans le deuxiéme Discours.

Construction & Démonstration du triangle Equilateral.

TAB. XXV. Fig. 4. Soit la ligne AB, sur laquelle on doit construire un triangle équilateral. Du centre A, & de l'intervalle AB, soit décrit le cercle ECBE; & du centre B, & du même intervalle, soit décrit le cercle ACDA, coupant le premier cercle au point C; & soient tirées les lignes droites CA, CB: Je dis que le triangle ACB est équilateral; c'est à dire, que les trois côtés AB, BC, CA, sont égaux entr'eux.

PREMIER ARGUMENT.

Les lignes qui viennent d'un même centre à une même circonférence d'un cercle, sont égales entr'elles.

Les lignes AC, AB, *viennent d'un même centre* A, *à une même circonférence* B C E.

Donc elles sont égales entr'elles.

On fait encore un semblable argument pour prouver que les lignes BC, BA, sont égales entr'elles; ensuite on fait celui-ci.

Les choses égales à une autre, sont égales entr'elles.

Les lignes AC, BC, *sont égales à* AB.

Donc elles sont égales entr'elles.

Il faut encore prouver les Propositions des deux premiers argumens, par la définition & par la possibilité de la construction des cercles.

Il faut faire encore cet argument.

Un triangle Equilateral est celui qui a ses trois côtés égaux entr'eux.

Les trois côtés du triangle A B C *sont égaux entr'eux, comme il a été prouvé.*

Dont il est équilateral.

Il faut encore prouver cette définition par induction, ou de lecture, ou de témoignage de plusieurs Géométres.

Par cet exemple on voit, que puis qu'il faut cinq ou six argumens pour prouver une proposition de Géométrie peu éloignée des principes, il en faudroit un nombre excessif pour prouver les propositions qui en seroient beaucoup éloignées; & que cette méthode de se servir d'argumens complets de trois propositions, pour leur preuve, dans laquelle on est obligé d'user souvent de redites, seroit ennuyeuse & difficile, & feroit de la confusion dans l'esprit. C'est pourquoi les Géométres ont mis en usage une autre méthode plus commode, qui est de faire des raisonnemens continus, sans distinguer les argumens. En voici la maniére.

On commence par la preuve des Propositions qui sont immédiatement

ment comprises sous les principes, & qu'on prévoit être nécessaires pour la preuve des autres; sans observer exactement que les argumens soient de trois propositions, pourvû qu'on fasse comprendre suffisamment les connexitez. Et ensuite au lieu de répéter les premiers argumens, on allégue seulement les conclusions, c'est à dire, les propositions prouvées, lesquelles doivent être mises par ordre pour les citer selon cet ordre. C'est ce qu'on observe dans les démonstrations de Géométrie & d'Arithmétique, & il suffit qu'on se souvienne que les premiéres ont été bien prouvées, encore qu'on n'en conçoive plus la preuve.

Il vaut mieux commencer par les premiéres propositions, & continuër jusques à celle qui est à prouver, en citant celles qui sont connuës, que de commencer par l'inconnuë, & aller de suite en suite jusques aux principes, en citant des propositions inconnuës: Voici des exemples de cette méthode.

Preuve de la Proposition du Triangle équilateral par citation.

D'Autant que lignes AB, AC, sont tirées d'un même centre A, à une même circonférence ECB, elles sont égales par la définition du cercle. Par la même raison BC, BA, seront égales entr'elles. Et parce que AC, CB, font toutes deux égales à AB, elles seront égales entr'elles, par le Principe, *les choses égales à une autre, sont égales entr'elles.* Donc selon la définition du triangle équilateral, ACB est un triangle équilateral; ce qui étoit à prouver.

On voit par cette preuve, que la méthode par des raisonnemens continus en citant les propositions, est beaucoup moins longue que celle par des argumens complets, & que les connexités en sont aussi faciles à voir.

Les grands Géométres se dispensent souvent de citer les propositions prouvées par *Euclide*, ou par d'autres Auteurs célébres; mais ils les énoncent seulement, lors qu'ils parlent à d'autres grands Géométres.

Il est à remarquer que quelques Philosophes ont soutenu qu'on ne pouvoit rien prouver par des argumens, parce que la conclusion étant contenuë dans les deux premiéres Propositions, c'étoit une identité de preuve, c'est à dire qu'on prouvoit une proposition par elle-même. Mais, on peut répondre que cette identité est toujours un peu obscure, même dans les démonstrations où il n'y a qu'un argument; & que lors qu'il y en a plusieurs, ou qu'il y a une longue suite de conséquences continuës, on la comprend difficilement. Par exemple, il est assez facile de concevoir que 2 fois 2, & 2 fois 3, sont la même chose que 2 fois 5; & que 3 fois 2, & 3 fois 3, sont la même chose que 3 fois 5; & que 2 fois 5, & 3 fois 5, sont la même chose que 5 fois 5; quoiqu'il y faille un peu d'attention. Mais, la conséquence, que 2 fois 2,

& 2 fois 3, & 3 fois 2, & 3 fois 3, pris ensemble, soient la même chose que 5 fois 5 ; ou, pour l'exprimer autrement, que si un nombre comme 5 est divisé en deux parties, le quarré du nombre entier est égal aux quarrez des deux parties, & à deux fois leur produit: c'est ce que la plupart des esprits ont peine à comprendre, & il faut quelque méthode pour y parvenir. Comme, si on nomme 2 fois 2 A, & 2 fois 3 B, égaux ensemble à 2 fois 5 ; & 3 fois 2 C, & 3 fois 3 D, égaux ensemble à 3 fois 5: on pourra se souvenir que A & B ensemble, & C & D ensemble, ont été prouvez égaux à 2 fois 5, & à 3 fois 5. Si donc on conçoit que 2 fois 5, & 3 fois 5, pris ensemble, soient égaux à 5 fois 5; on pourra aussi concevoir que 5 fois 5 sera égal aux quatre nombres A, B, C, D, pris ensemble: d'où il suit que les argumens sont nécessaires pour les preuves, quoiqu'on sache les principes sur lesquels on les doit fonder.

Lors qu'il y a un grand nombre de connexités à concevoir, il faut de nécessité que la mémoire supplée au défaut de la conception: car nous ne pouvons concevoir en même tems les connexités de plusieurs propositions de suite, par exemple, celles de toutes les propositions qu'*Archiméde* a employées, pour démontrer la proportion de la Sphére & du Cylindre; mais seulement on peut se souvenir d'avoir trouvé ces propositions véritables les unes après les autres.

Lorsque les propositions sensibles douteuses sont éloignées des principes d'expérience, & des autres propositions qui peuvent servir à les prouver; il faut prouver les derniéres par la citation des premiéres, de la même maniére qu'on prouve celles de Géométrie & d'Arithmétique. Mais les expériences sur lesquelles sont fondées les Principes ou Régles de la nature, ne peuvent être mises sur le papier, comme on y met les lignes & les figures de Géométrie ; & on a souvent beaucoup de peine à concevoir comme elles ont été faites : même il y en a, qu'un seul homme ne peut faire ; comme, d'observer quels vents régnent en même tems dans la *France* & dans la *Pologne*; si le flux & reflux de la mer se fait à la même heure aux côtes d'*Espagne* & de l'*Amérique*.

Voici ce qu'on pourra observer.

Il faut enseigner de quelle sorte on a fait les expériences, avec quelles personnes, avec quelle exactitude, de quels instrumens on s'est servi, &c. & écrire ces expériences par ordre, selon lequel ordre on les alléguera pour la preuve; on y ajoutera des figures, si les expériences sont difficiles à comprendre. Mais ces principes d'expérience ne seront principes qu'à ceux qui auront fait les mêmes observations; & seront seulement vrai-semblables aux autres, étant examinées selon les Propositions 51, & 52.

Exem-

Exemple pour prouver un Principe d'Expérience.

PRINCIPE D'EXPÉRIENCE.

Les Rayons paſſant de l'air dans l'eau ſe rompent ; & leur inflexion ſe fait du côté de la ligne perpendiculaire qui paſſe par le point d'incidence.

DÉMONSTRATION.

Soit AB, une ligne droite dans la ſurface ſupérieure de l'eau contenuë dans quelque vaiſſeau dont le fond ſoit MGFEN ; CDE un fil tendu fermement, afin qu'il repréſente une ligne droite ; D, le point où le fil entre dans l'eau ; E, le point où il touche le fond du vaiſſeau. Soit auſſi C, un petit trou par où paſſe un rayon du Soleil dans une chambre obſcure, en ſorte que ce rayon qui eſt repréſenté par CD, coulant le long du fil juſques au point D, qui ſera le point de ſon incidence, le fil ſoit environné de ce rayon : alors, ſi on ôte le fil, on verra que ce rayon paſſant dans l'eau, quittera la direction du fil, & ne ſera point continué le long de la ligne DE juſques au point E ; mais qu'il ira comme en F entre E & G, ſi DG eſt le fil d'un pendule paſſant par le point D. On verra arriver la même choſe, ſi le rayon a une inclination moindre ou plus grande, en ajuſtant le fil CDE ſelon le rayon. On fera l'expérience plus facilement ſi le fond du vaiſſeau eſt vuide, & que le fil étant ôté, le rayon CDE tombe au point E ; car on verra que ſi on emplit promptement d'eau le vaiſſeau juſques à la ligne AB, le point E ne ſera plus illuminé, mais un autre point F. Le même arrivera aux autres rayons par la Propoſition dix-huitiéme. Donc les rayons paſſant de l'air dans l'eau, ſe rompent, &c. ce qu'il falloit prouver par expérience. TAB. XXV. Fig. 8.

Autre exemple pour faire voir comme il faut diſpoſer pluſieurs propoſitions de ſuite pour prouver une propoſition ſenſible, & comme il faut faire un raiſonnement continu en citant les principes & les propoſitions prouvées.

On trouve par expérience, que ſi on emplit de mercure un tuyau cylindrique de verre, comme AB, fermé par le bout A, dont la longueur ſoit au deſſus de trente pouces ; & qu'ayant mis le doigt ſur l'extrémité B, ſans y enfermer de l'air, on le renverſe ; & qu'on trempe cette extrémité B dans d'autre mercure mis en quelque petit vaiſ- TAB. XXV. Fig. 9.

ſeau de terre comme CDK; & qu'on ôte enſuite le doigt: le mercure deſcend, & après quelques balancemens, il s'arrête ordinairement à la hauteur de vingt-ſept à vingt-huit pouces; c'eſt à dire, que ſi EF eſt la ſurface du mercure qui eſt dans le petit vaiſſeau, celui du tuyau deſcendra juſques en H, ſi EH eſt d'environ vingt-ſept pouces & demi; mais ſi on y enferme de l'air avec le mercure, le mercure deſcendra plus bas, & ſe mettra à diverſes hauteurs, ſi on y met plus ou moins d'air.

Ces expériences étant connuës, & ſuppoſant qu'ayant fait l'expérience ſans air, le mercure ſe ſoit mis à vingt-huit pouces, comme il arrive quelquefois; on propoſe ce Problême de Phyſique.

PROBLEME DE PHYSIQUE.

Etant donnée la longueur d'un tuyau cylindrique AB, *au deſſus de vingt-neuf ou trente pouces, fermé par un bout; trouver quelle quantité d'air il faut enfermer avec le mercure, afin que le mercure ſe mette à une hauteur donnée moindre que vingt-huit pouces, lorſque le tuyau ſera perpendiculaire à l'horiſon.*

Pour y parvenir, il faut premiérement prouver que l'air a de la peſanteur, ſoit par des expériences faites par quelques Auteurs célébres, ſoit par quelques-unes qu'on aura faites ſoi-même; & on en fera la premiére Propoſition.

On en fera une ſeconde, dans laquelle on énoncera que la colomne de vif-argent de vingt-huit pouces, qui demeure dans le tuyau de verre A B, lors qu'on n'y a point mis d'air, péſe autant que la colomne d'air de même largeur depuis la ſurface du mercure du petit vaiſſeau, juſques au haut de l'Atmoſphére, c'eſt à dire juſques au plus haut de l'air: & on la prouvera par pluſieurs expériences faites en pluſieurs lieux tant profonds qu'élevés, pour faire voir que plus les lieux ſont élevez, moins grande eſt la hauteur où s'éléve le mercure, comme étant chargé d'une moindre peſanteur d'air; & que dans les caves fort profondes, il s'éléve à une plus grande hauteur, comme étant chargé d'un plus grand poids d'air; & que ſi on met le mercure du vaiſſeau dans de l'eau au deſſous d'une hauteur de dix ou douze piés, il s'élévera beaucoup plus dans le tuyau, ſavoir à un pouce de plus pour quatorze pouces d'eau, à deux pouces pour vingt-huit pouces, &c. à cauſe qu'un pouce de mercure péſe autant à peu près que quatorze pouces d'eau.

On prouvera enſuite que l'air a beaucoup de vertu de reſſort, & que plus il eſt preſſé par un poids, plus il ſe condenſe; mais que le poids étant ôté, il ſe remet de lui-même par ſon reſſort dans ſa premiére extenſion, qui eſt celle où il eſt mis par le poids de l'Atmoſphére avec lequel il fait équilibre, en ſorte que ſi l'air devenoit plus peſant, il ſe con-

condenseroit davantage ; & s'il devenoit moins pesant, il se dilateroit davantage : & ce sera la troisiéme Proposition.

On fera une quatriéme Proposition, pour montrer, que quelque quantité de mercure petite ou grande, qu'on mette dans le tuyau AB avec de l'air, il descendra ; mais qu'il ne descendra pas entiérement jusques à la surface du mercure du vaisseau CDK : & on le prouvera par la troisiéme Proposition. Car si GA est l'air, & GB le mercure qui puisse couler par l'ouverture B : d'autant que son poids depuis EF, surface du mercure qui est dans le vaisseau CDK jusques en G, fait équilibre avec une partie de la colomne d'air de toute l'Atmosphére, égale en largeur au diamétre du tuyau AB ; & que l'air enfermé GA est condensé de même que l'air qui est à l'entour du tuyau, & que par conséquent il peut faire équilibre par la seule force de son ressort, avec tout le poids de cette colomne d'air ; il s'ensuit que le mercure n'ayant rien qui lui fasse équilibre, il descendra : Mais il ne descendra pas jusques à ce qu'il soit en la même surface que le mercure du vaisseau CDK ; car s'il y descendoit, l'air GA se seroit dilaté de tout l'espace GE, & par conséquent il ne pourroit faire équilibre en cet état avec tout le poids de l'air, qui est de même poids que vingt-huit pouces de mercure ; d'où l'on conclura qu'une partie du mercure demeurera dans le tuyau.

On fera ensuite une cinquiéme Proposition, par laquelle il sera énoncé, que l'air se condense selon la proportion des poids dont il est chargé ; & pour savoir si cette proposition est véritable, on la supposera, c'st à dire, on la posera pour hypothêse, & on fera plusieurs expériences, pour voir si elles conviendront toutes à cette hypothêse. Par exemple, on supposera que le mercure se soit mis à la hauteur de quatorze pouces en G, le tuyau AB étant de quarante pouces, & EB d'un pouce ; & parce que EA sera de trente-neuf pouces, GA sera de vingt-cinq pouces ; & on supposera pour faire le calcul plus facilement, que le mercure étant enfermé dans le tuyau sans air, se mettroit à vingt-huit pouces précisément ; & on raisonnera ainsi.

D'autant que le mercure EG de quatorze pouces fait équilibre avec la moitié du poids de l'air, puisque vingt-huit pouces font équilibre avec tout son poids, il s'ensuit que les vingt-cinq pouces d'air dilaté en AG, font équilibre avec le poids de l'autre moitié de l'air : Mais, par l'hypothêse, il doit être dilaté deux fois plus que l'air qui est alentour du tuyau, qui est chargé du poids de tout l'air, & qui est condensé de même que celui qu'on avoit enfermé : Donc cet air premiérement enfermé, ne devoit être que de douze pouces & demi, moitié de vingt-cinq pouces. Ensuite de ce raisonnement, on en fera l'expérience en cette sorte. On laissera douze pouces & demi d'air dans le tuyau au dessus du mercure, qui en occupera vingt-sept pouces & demi, & on fermera le bout du tuyau avec le doigt, l'air se mettra au dessus de de l'espace H A, qui sera encore de douze pouces & ½; alors si on tire le doigt, qu'on suppose être environ un pouce au dessous de E F, on verra descendre le mercure, & s'arrêter à la hauteur E G de quatorze pouces; ce qui sera déja une conjecture de la vérité de l'hypothêse. On prendra ensuite un tuyau recourbé A B C D, fermé au bout D, en sorte que C D soit d'un pié, & B A d'environ quatre piés: on y versera tout doucement un peu de mercure par l'ouverture A, de maniére qu'elle occupe l'espace B E C, afin qu'il ni ait plus de communication de l'air D C, avec l'air B A, & qu'il ne soit pas encore pressé; & que par conséquent il fasse encore équilibre par son ressort, avec tout le poids de l'air, qui est équivalent au poids de vingt-huit pouces de mercure; (on connoitra que l'air D C n'est ni plus pressé, ni moins pressé que celui qui est en B A, si le mercure est à même hauteur aux points C & B.) On versera ensuite peu à peu du mercure dans la partie A B, jusques à ce qu'il en monte dans la partie C D, à la hauteur G H de quatre pouces, afin que l'air n'occupe plus que les deux tiers de C D; & on remarquera que B G étant prise égale à C H, le mercure sera alors élevé jusques en F, si G F est de 14 pouces. Or alors l'air D H sera chargé du poids de quarante-deux pouces de mercure, savoir des vingt-huit pouces du poids de l'air, & des quatorze pouces du mercure qui est en G F. Mais quarante-deux est à vingt-huit, comme C D à H D, c'est à dire douze à huit; & par conséquent cet air se sera condensé à proportion du poids dont il sera chargé. On remplira ensuite le tuyau A B jusques à une telle hauteur, que l'air se reduise en l'espace L D, moitié de C D; & on verra qu'en l'autre côté du tuyau, il sera à la hauteur I M, si I L est horisontale, & si I M est de vingt-huit pouces. Or en cet état, l'air L D sera pressé par un poids de cinquante-six pouces de mercure, savoir de celui qui sera en la partie I M de vingt-huit pouces, & de celui de l'Atmosphére qui est égal au poids de vingt-huit pouces de mercure; & par conséquent cet air enfermé se sera condensé selon la proportion des poids. Desquelles expériences, & de plusieurs autres qu'on pourra faire, en se servant d'un tuyau de sept ou huit piés depuis B jusques à A, on conclura la vérité de ce Principe d'expérience; savoir, que l'air se condense à proportion des poids dont il est chargé, & ce sera la cinquiéme Proposition.

TAB. XXV. Fig. 10.

Toutes ces Propositions étant bien prouvées & mises par ordre, on resoudra le Problême proposé par la méthode des Géométres qu'ils appellent Analyse, en cette sorte.

TAB. XXV. Fig. 9. Soit le tuyau A B de quarante pouces, où l'on doit enfermer de l'air avec du mercure; & on veut que l'expérience étant faite, le mercure se mette à sept pouces de hauteur. On supposera ce qu'on cherche; savoir, qu'ayant mis en ce tuyau une certaine quantité de mercure & d'air, & ayant plongé son extrémité B dans le mercure du petit vaisseau

CDK

C D K jusques à un pouce de profondeur, le mercure se soit arrêté en G, sept pouces au dessous de E F surface du mercure du vaisseau C D K, & on fera un raisonnement continu en cette sorte. D'autant que les sept pouces de mercure E G font équilibre avec le quart de tout le poids de l'air de l'Atmosphére, l'air dilaté G A, qui est dans le tuyau, doit faire équilibre par son ressort avec le reste du poids de l'Atmosphére, savoir les trois quarts, par la troisiéme & quatriéme Proposition de cet exemple. Or cet air dilaté est de trente-deux pouces. Donc, par la cinquiéme Proposition, comme vingt-huit pouces de mercure poids entier de l'air, est à vingt & un pouces, différence de sept pouces & de vingt-huit pouces; ainsi réciproquement l'étenduë de l'air dilaté dans le tuyau, qui fait équilibre avec ces vingt & un pouces, est à l'étenduë de l'air qu'on avoit enfermé avec le mercure avant l'expérience, & qui faisoit équilibre par son ressort à tout le poids de l'air, c'est à dire au poids de vingt-huit pouces de mercure. Mais, cet air dilaté est de trente-deux pouces. Donc on avoit enfermé vingt-quatre pouces d'air avec le mercure avant l'expérience, puisque trente-deux est à vingt-quatre, comme ving-huit à vingt & un.

La Synthêse ou composition se fera en cette sorte par une preuve indirecte. Soit mis du mercure dans le tuyau A B jusques à seize pouces de hauteur, afin qu'il reste vingt-quatre pouces d'air; & ayant fermé le bout du tuyau avec le doigt, qu'on le plonge dans le mercure du vaisseau, en sorte qu'ayant ôté le doigt, & le mercure étant arrêté, l'extrémité B soit d'un pouce au dessous de la surface E F: Je dis que le mercure du tuyau qui occupoit l'espace B H de seize pouces, se reduira à sept pouces: car s'il s'élevoit à une autre hauteur, comme de huit pouces, il s'ensuivroit par la cinquiéme Proposition ci-dessus, que comme vingt-huit est à vingt complement de huit à vingt-huit, ainsi trente & un, nombre des pouces de l'air dilaté, seroit à vingt-quatre; ce qui est absurde, parce que cette derniére raison est moindre que la premiére. On trouvera la même absurdité quelque hauteur qu'on suppose, autre que sept pouces: car alors G A de trente-deux pouces sera à H A de vingt-quatre pouces, comme vingt-huit à vingt & un. Donc il se mettra à sept pouces; ce qui étoit à prouver.

On a donc trouvé la quantité d'air qu'il falloit enfermer avec le mercure, pour le faire descendre à la hauteur donnée de sept pouces, & on a prouvé la nécessité de cet effet par ses véritables causes; ce qu'il falloit faire.

Que si on proposoit le Problême en cette sorte, *étant donnée la quantité de l'air enfermé avec le mercure avant l'expérience*, (comme par exemple vingt-quatre pouces) *trouver à quelle hauteur le mercure se mettra*; il faudroit employer les termes & les notes de l'Algébre en l'Analyse, avec un raisonnement continu fondé sur la Géométrie des proportions: ce que les médiocres Algébristes pourront faire assez facile-

 ment

ment en posant A pour l'extension de l'air H G, qui se doit faire dans le tuyau; & se servant de l'Analogie 24 † A à A, comme 28 à 15—A, dans laquelle vingt-quatre ou A H est l'étenduë de l'air qu'on laisse au dessus du mercure, A est la dilatation inconnuë H G, vingt-huit est le poids de l'Atmosphére, 15 est l'étenduë H A, &c.

On voit par cet exemple, Premiérement, qu'il y a dans les sciences naturelles un enchainement & une suite de propositions, de même que dans les Mathématiques; & que la preuve de celles qui sont douteuses, est encore plus difficile:

Secondement, que la méthode de citer les propositions prouvées ou les principes, après les avoir mis par ordre, est la plus commode:

Et enfin, qu'il y a beaucoup de propositions sensibles qu'il est impossible de prouver, sans le secours de la Géométrie & de l'Arithmétique. D'où l'on peut conjecturer qu'il y a plusieurs effets naturels si obscurs, qu'il est impossible ou très-difficile d'en demêler les causes, comme par exemple, pourquoi la ciguë est venimeuse, ou pourquoi une aiguille aimantée se tourne vers le Pole; & que quand quelqu'un seroit assez heureux pour les découvrir, il lui seroit très-difficile de les faire comprendre aux autres: c'est pourquoi il ne faut pas s'étonner si on a fait si peu de progrès jusques à présent dans la Médecine, & dans les autres sciences naturelles.

Il ne faut pas pourtant abandonner l'étude de ces sciences: car, comme il a été remarqué dans le second Discours, on peut se contenter d'avoir une certitude entiére de l'existence des effets par des observations exactes, lors qu'on n'en peut découvrir les causes par un raisonnement certain, fondé sur des principes incontestables. C'est même une erreur de vouloir raisonner, & tâcher de prouver par des conjectures, quand on peut s'éclaircir par une induction facile. Une expérience d'une heure nous instruit souvent davantage que des raisonnemens de plusieurs années: & puis qu'il n'y a point d'autres démonstrations en Physique, que celles qui sont fondées sur des expériences certaines par des conséquences infaillibles qu'on en tire, soit qu'on y employe des propositions intellectuelles ou non; il s'ensuit que lors qu'on peut avoir des expériences, il n'est pas nécessaire de chercher d'autres moyens pour prouver la vérité des faits.

Outre ces diverses sortes ou méthodes de prouver, il y en a encore une autre qui se fait par interrogations & réponses, laquelle a été fort en usage parmi les anciens Philosophes, comme *Platon*, *Xénophon*, & *Ciceron*, & qui est fort propre pour surprendre & faire tomber en erreur ceux à qui on parle; mais on ne s'en servoit ordinairement que dans les choses vrai-semblables.

Enfin toutes ces régles servent de peu, si on ne les met en usage, & si on ne s'exerce souvent à faire plusieurs démonstrations, soit pour nous instruire nous-mêmes, soit pour persuader aux autres les vérités qui nous sont connuës. Quel-

Quelquefois on ne peut pas prouver les choſes invinciblement ; mais pour ne demeurer pas dans l'incertitude, on ſe contente d'une preuve vrai-ſemblable.

Par exemple, quelques-uns diſent que les bêtes n'ont point de ſentiment ni de connoiſſance. Or on ne peut pas prouver abſolument que cela ſoit faux, parce qu'on ne ſait pas s'il eſt au deſſus du pouvoir de la nature ou non, de faire une machine qui faſſe les mêmes actions qu'un Singe, ſans avoir aucun ſentiment. Mais, ſuivant le quarante-ſeptiême Principe, puiſque les bêtes ont des yeux & des oreilles comme nous, qu'elles ſe plaignent comme nous quand on les bleſſe, quelles font choix comme nous des viandes, &c. & que nous ſommes aſſurez que nous faiſons ces choſes par le ſentiment & par la connoiſſance ; on doit inférer & croire que les bêtes ont auſſi du ſentiment, & une connoiſſance qui a quelque raport à la nôtre, à moins qu'on n'apporte une démonſtration claire & évidente du contraire.

Que ſi, une propoſition étant bien prouvée, quelqu'un vient à la nier : ou il la nie contre ſa créance, ce qui arrive aux Eſprits contentieux ; & alors, ſoit qu'il nie les principes ou les conſéquences des principes, il ne faut plus diſputer contre lui, ſelon la propoſition dixiéme, car il pourroit nier de même toutes les autres preuves ; il ne faut pas auſſi entreprendre de lui faire avouër qu'il a tort, & il ſuffit que ceux qui ſont préſens le connoiſſent : Ou il la nie pour n'avoir pas bien remarqué la connexité des propoſitions, ce qui arrive ſouvent dans les démonſtrations des Mathématiques, ſoit à cauſe de l'embaras des lignes & des figures, ſoit à cauſe du grand nombre des conſéquences ; & en ce cas il faut recommencer le raiſonnement, & même changer l'ordre & les termes de la démonſtration.

Que ſi l'on connoît qu'il ſoit incapable d'être perſuadé, il faut auſſi ceſſer la diſpute.

QUATRIÉMÉ DISCOURS.

Des faux raiſonnemens & des autres cauſes de nos erreurs, & de ce qu'il faut obſerver pour ne s'y laiſſer pas ſurprendre.

C'Eſt ici la plus utile & la plus importante partie de la Logique, car les autres ne ſont guére néceſſaires qu'à ceux qui font profeſſion d'établir les ſciences, & de trouver les vérités cachées, pour les enſeigner aux autres ; mais tous les hommes ont intérêt de ne ſe laiſſer pas ſurprendre par de faux raiſonnemens, ou par de fauſſes apparences.

Les faux raiſonnemens s'appellent des ſophiſmes, quand on les fait à deſſein de ſurprendre ceux à qui on parle ; & on les appelle des paralogiſmes, quand on les fait par erreur. On ne ſe ſervira ici que du nom de Sophiſme, & même on comprendra ſous le nom de Sophiſme tout ce qui nous fait tomber en erreur, ou qu'on employe pour éluder la juſteſſe de nos raiſonnemens ; & en ce ſens un clin d'œil, un mouvement de tête, &c. peuvent être pris pour des ſophiſmes, de même que les fauſſes apparences qui nous viennent des ſens ou de l'imagination : Enfin tout ce qui peut être dit, penſé, ou fait, pour détruire une vérité, ou pour établir une fauſſeté, ſera ici appellé un Sophiſme.

On peut donc conſidérer de deux maniéres de Sophiſmes.

La premiére conſiſte dans les fauſſes apparences.

La ſeconde, dans les faux raiſonnemens. On diviſera, pour cette raiſon, ce dernier Diſcours en deux articles.

Dans le premier on tâchera de faire connoître les erreurs qui nous viennent des fauſſes apparences, & les moyens de les éviter.

Dans le deuxiéme on traitera des faux raiſonnemens, & on donnera des régles pour les refuter, ou du moins pour ne s'y laiſſer pas ſurprendre.

ARTICLE PREMIER.

Des fauſſes Apparences.

LA plupart des fauſſes apparences procédent, ou des mauvaiſes diſpoſitions de nos ſens & de notre imagination, ou de leur inſuffiſance naturelle à nous bien repréſenter les choſes : & parce que quelques Philoſophes prennent occaſion de ces fauſſes apparences, de rejetter toutes les ſciences ; il eſt à propos d'établir ici quelques hypothêſes, pour pouvoir expliquer à peu près comme ſe font nos ſenſations & nos penſées, afin de pouvoir découvrir les cauſes des erreurs où elles nous engagent, & les moyens de nous en défendre ; & même de faire ſervir ces fauſſes apparences, s'il ſe peut, à découvrir la vérité.

I. HYPOTHESE.

Lorſque les nerfs, qui ſont les principaux organes de nos ſenſations, ont reçû quelques mouvemens par l'action d'un objet, ces mouvemens ſont portez & communiquez aux parties du cerveau, d'où les nerfs tirent leur origine ; & à l'occaſion de ces mouvemens, la ſenſation de cet objet ſe fait en nous. Ainſi la flamme d'une chandelle étendant ſes rayons juſques au fond de nos yeux, où eſt la membrane appellée Choroïde, qui contient les nerfs de la vûë, ces rayons y excitent de certains

tains mouvemens & impressions qui sont continuez jusques aux parties du cerveau où aboutissent ces nerfs; & à l'occasion de ces mouvemens, il nous paroît une flamme hors de nous, c'est à dire que nous appercevons & voyons cette flamme de la chandelle hors de nous en un certain lieu à peu près, en sorte que nous pouvons aller y porter la main. De même, s'il y a une petite cloche à une distance médiocre, sur laquelle quelqu'un frape avec un corps dur, les frissonnemens & tremblemens des parties de cette cloche excitent de petits frissonnemens à peu près semblables dans les parties de l'air qui la touchent, qui en produisent d'autres successivement dans les autres parties de l'air plus éloignées de la cloche, jusques au dedans de nos oreilles, où sont les nerfs de l'ouïe, lesquels étant ébranlez par ces mouvemens, les communiquent aux parties du cerveau où ils aboutissent; & à l'occasion de ces mouvemens, il nous paroît hors de nous ce que nous appellons le son d'une cloche, de maniére que nous jugeons à peu près où est cette cloche, & que nous pouvons y aller les yeux fermez, & porter la main dessus. Il arrive aussi que lorsque les nerfs de la vûë ont reçû de fortes agitations & impressions, elles les conservent un peu de tems : ainsi lors qu'on ferme les yeux incontinent après qu'on a regardé le Soleil, il nous paroît encore durant quelque tems une espéce de lumiére qui s'efface peu à peu. On pourra expliquer de même à peu près les autres sensations.

II. HYPOTHESE.

Soit que les fibres des organes des divers sens ayent des structures différentes, ou que les mouvemens qui s'y excitent, soient dissemblables, ou par quelque autre cause; ils ne reçoivent pas les impressions des mêmes objets d'une même maniére. Le Soleil agissant sur les nerfs de la main, y cause le sentiment de la chaleur; & dans les nerfs de la vûë, celui de la Lumiére: le sucre paroît blanc à la vûë, âpre au toucher, doux à la langue. Les nerfs de la vûë émûs par quelque cause que ce soit, comme lors qu'une humeur âcre tombe dessus, ou qu'un coup violent les offense, représentent des couleurs & de la lumiére; & ceux de l'ouïe représentent des sons, de quelque façon qu'ils soient émûs; les nerfs du goût ne représentent que des saveurs, &c.

III. HYPOTHESE.

Lorsque les parties du cerveau ausquelles les nerfs communiquent les mouvemens qu'ils reçoivent des objets, ayant été émuës & agitées, nous avons apperçû cet objet; il demeure dans ces parties du cerveau, une disposition à être émuës par des mouvemens à peu près semblables, par le moyen desquels mouvemens, lors qu'ils s'excitent par quelque cause que ce soit, cet objet quoiqu'absent nous est représenté, & cet-

 te

te repréſentation ſe fait en deux maniéres. Dans l'une, l'objet nous paroît de même que dans les ſenſations; ce qui nous arrive dans les ſonges & dans les délires : & cette apparence de ſenſation ſe fait en nous, lorſque les mêmes parties du cerveau qui ont été émuës par les objets préſens, ſe meuvent encore de la même maniére, quelle que puiſſe être la cauſe qui excite ces mouvemens.

L'autre maniére de repréſentation ſe fait par des mouvemens un peu diſſemblables à ceux qui ont été produits par les objets préſens, ſoit dans les mêmes parties du cerveau, ſoit en d'autres parties : Comme lors qu'après avoir vû une roſe, nous fermons les yeux, & que cette roſe nous eſt repréſentée, non pas préciſement comme elle nous a paru, & avec autant de force & d'éclat, mais d'une façon qui nous touche bien moins, & qui eſt d'ordinaire beaucoup moins exacte, tant à l'égard de la figure, que de la couleur, &c. en ſorte que nous pouvons diſtinguer facilement la vûë de la roſe d'avec cette repréſentation, au lieu que ceux qui ſont en délire ne remarquent point de différence entre l'apparence que leur produit un objet préſent, & celle qui eſt produite par la premiére maniére de repréſentation. Il y a encore cette différence entre ces deux ſortes de repréſentation, que la premiére ne dépend point de notre volonté, & que nous ne pouvons l'exciter quand nous voulons, du moins cela arrive très-rarement, & à très-peu de perſonnes; mais la ſeconde en dépend en quelque façon, & nous pouvons preſque toujours, quand nous voulons, nous repréſenter ce qui eſt tombé ſous nos ſens, par cette repréſentation obſcure, comme il a été remarqué en la Propoſition 64: D'où il ſuit que ces deux maniéres de repréſentation différent davantage que du plus & du moins.

La derniére ſe fait encore en deux façons : car quelquefois elle ſe fait avec les principales circonſtances des tems & des lieux, &c. auſquels les objets nous ont paru, & alors elle s'appelle ordinairement Mémoire : mais quand on ſe repréſente des choſes ſans aucunes circonſtances, comme quand on ſe repréſente une roſe ſans déſigner aucune des roſes qui nous ont paru en de certains tems & lieux; cette maniére de repréſentation s'appelle Imagination. Ainſi, quand on récite pluſieurs vers qu'on ſait, ſelon la ſuite qu'on les a lûs, c'eſt un effet de la mémoire; & lorſque par la reſſemblance de ceux qu'on ſait, on en fait de nouveaux, c'eſt un effet de l'imagination. Quand on s'applique à ces repréſentations de mémoire ou d'imagination, cette application s'appelle penſée: mais ſouvent on confond la ſignification de ces noms; & penſer à une choſe, en avoir l'idée ou la repréſentation, la concevoir, s'en ſouvenir ou en avoir la mémoire, l'imaginer ou l'avoir dans l'imagination, ſe prennent ſouvent à peu près pour la même choſe.

Dans toutes ces ſortes de repréſentations, & même dans les ſenſations, il eſt vrai-ſemblable que ce n'eſt pas aſſez que le cerveau ſoit modifié, ou l'eſprit même, par les actions des objets ſur les ſens, pour for-

former les ſenſations ou les idées ; mais qu'il eſt néceſſaire que l'eſprit apperçoive cette modification, & qu'il s'y applique par quelque eſpéce d'action.

IV. HYPOTHESE.

Lorſque nous voulons nous ſouvenir ou penſer à quelque choſe, il ſe fait un effort dans le cerveau, par lequel quelques-unes de ſes parties ſont agitées de la maniére qu'il faut qu'elles le ſoient, pour nous faire avoir ou concevoir l'idée ou la repréſentation de cette choſe ; & ce que nous appellons raiſonnement, ſe fait quand nous nous appliquons à faire naître pluſieurs idées de ſuite de diverſes choſes pour les comparer enſemble, & en tirer des conſéquences : & non ſeulement on peut imaginer & ſe repréſenter volontairement un objet qu'on a vû ; mais on en peut imaginer pluſieurs ſemblables joints enſemble, quoiqu'on n'en ait vû qu'un ſeul. On peut auſſi joindre les idées de pluſieurs choſes différentes, comme, ſi on a vû une tour & du cuivre, on peut avec deſſein ſe repréſenter une tour de cuivre, & en concevoir l'idée. Et même on peut ſéparer par la penſée, c'eſt à dire, imaginer ſéparément une qualité commune à pluſieurs choſes : ainſi on peut penſer à la rougeur, après avoir vû cette couleur en pluſieurs fleurs & fruits, &c. ſans penſer à aucune de ces choſes ; on peut former l'idée de l'amertume, ſans penſer à aucune des choſes améres.

V. HYPOTHESE.

Les idées ou repréſentations ſont les principes de tous nos diſcours, & de tous nos raiſonnemens ; mais elles n'en ſont pas les objets : c'eſt à dire, que quand nous parlons des choſes que nous avons connuës par les ſens, nous n'entendons pas parler des idées qui nous les repréſentent (ſinon lorſque ces idées ſont le ſujet de noſtre diſcours ;) de même que lorſque nous voyons un objet, ce n'eſt pas le mouvement du cerveau qui nous le fait voir, ni l'image de cet objet que nous voyons, qui eſt peinte au fond de nos yeux : mais ces mouvemens ſont les principes de la viſion ; & c'eſt par leur moyen que les corps lumineux ou illuminez nous paroiſſent.

Ces Hypothêſes ou Suppoſitions étant reçuës, ou quelques autres à peu près ſemblables, il eſt aiſé de juger que nos connoiſſances, ou du moins la plupart de nos connoiſſances, dépendent des impreſſions que nous avons reçuës des objets par les ſens, & de la faculté que nous avons d'en concevoir les idées, c'eſt à dire, de nous les repréſenter par la mémoire ou par l'imagination ; & que ſi nos ſens ſont peu fidéles, & nos imaginations peu juſtes, nous tomberons néceſſairement en pluſieurs erreurs, ſi nous n'avons pas l'adreſſe de ſuppléer par le raiſonnement à ces défauts.

L'Op-

L'Optique nous enseigne que lorsque nous tournons les yeux vers un point lumineux ou illuminé, il passe par la prunelle de chaque œil, c'est à dire par l'ouverture de l'uvée, plusieurs rayons venans de ce point, lesquels se réünissent au delà du crystallin & de l'humeur vitrée sur un point de la membrane concave où sont les nerfs de la vision; & que ce point lumineux est vû dans la ligne droite tirée de ce point de réünion par le centre de la cornée, laquelle ligne en chaque œil, est appellée l'axe de la vûë: de maniére que les deux yeux étant tournez directement vers ce point lumineux, ces lignes visuelles aboutissent au point lumineux; & par cette raison, on le voit au même endroit où il est.

De cette disposition naturelle des yeux procédent plusieurs fausses apparences. Car, si on frotte le coin de l'œil la nuit, il nous paroît une petite lumiére vers le côté opposé: & s'il y a un miroir comme A B, qui reçoive les rayons D H, D E, du point lumineux D, & les réfléchisse sur les deux yeux en G & C, selon les lignes droites H G & E C; les axes des yeux étant disposez selon ces lignes, ce point paroitra dans leur concours au point F au delà du miroir, quoiqu'il soit en D: & si A B L N est un corps transparent, & D un point illuminé; les rayons D H, D F, se rompront, rencontrant la surface A B, & passeront dans l'air selon les lignes F C, H G: & les deux yeux étant en C & G, verront le point D au point E, où est le concours des deux lignes droites C F, G H; & on se pourra tromper en la situation de ce point, si on ignore les régles de la refraction. C'est de là que procéde cette fausse apparence si souvent redite par les Philosophes, d'un bâton droit qui paroît courbe étant en partie plongé dans l'eau: car supposé que la ligne droite M K D soit le bâton, il paroitra selon la courbure M K E aux yeux en C & G; à cause que le point D paroît en E, & les autres points de la ligne D K en des points de la ligne E K.

TAB. XXV. Fig. 6.

TAB. XXV. Fig. 11.

On fait aussi un faux jugement à l'égard des miroirs, quand on dit que c'est l'image des objets qu'on y voit: car on les voit aussi véritablement que par la vûë directe; c'est à dire que les mêmes rayons qui feroient voir l'objet D aux yeux en L & M, si le miroir étoit ôté, le font voir par réflexion au delà du miroir en F, aux yeux qui sont en C & G; & par conséquent on ne devroit pas appeller image, ce qu'on voit par réflexion.

TAB. XXV. Fig. 6.

Les yeux ne peuvent aussi discerner les figures des très-petits objets vûs de près, ou des grands vûs de très-loin, comme il a été remarqué dans la Proposition 35; parce que l'endroit où se réünissent les rayons, n'occupe pas assez de place au fond de l'œil pour y faire sentir de la distinction; & on se pourroit tromper, si on entreprenoit de juger de la figure de ces objets. C'est par cette raison que l'étoile de Venus nous semble ronde en la regardant avec les yeux seuls, quand elle nous paroît

roît en croissant par le moyen des lunettes d'approche qui en agrandissent l'apparence. On ne parle pas aussi dans l'exactitude, lors qu'on dit que le Soleil est lumineux; car cette apparence n'est que par raport au sens de notre vûë, selon le Principe 30. Il en est de même, lors qu'on dit qu'on voit des objets, comme une rose, une maison, &c. car on ne voit proprement que la lumiére des corps lumineux réfléchie sur ces objets; mais cette lumiére recevant des différentes modifications en pénétrant un peu les surfaces des objets différens, & se réfléchissant ensuite vers nos yeux, nous y fait paroître des couleurs différentes, qui nous déterminent à peu près leurs grandeurs & leurs figures, & nous les font distinguer les uns des autres; & c'est une chose merveilleuse que de fort petites différences dans l'arrangement des particules qui composent les surfaces des fleurs & des feuilles d'une plante, nous les fassent voir sous des couleurs si différentes de blanc, de bleu, de rouge &c. On peut pourtant avec quelque raison dire qu'on voit ces choses, puis qu'on discerne à peu près leurs figures, & qu'il y a quelque chose en elles qui nous fait paroître une couleur plutôt qu'une autre: quoique véritablement rien ne soit visible que le Soleil & les autres corps lumineux; & que nous ne puissions même distinguer les différens tissus des surfaces des objets, qui nous les font paroître de différentes couleurs. Il est même croyable que les couleurs ne paroissent pas précisément de même à tous les hommes; car souvent l'un des yeux ne les voit pas de même que l'autre. Les différentes lumiéres en changent aussi les apparences: le gris de lin vû auprès du feu est beaucoup différent de ce qu'il paroît au Soleil ou à la Lune; & ce qui paroît jaune au Soleil, paroît verd à la lumiére de souphre ou de l'esprit de vin.

Lorsque les objets sont fort éloignés, on se trompe dans leurs grandeurs & dans leurs distances; mais ces erreurs se peuvent corriger assez facilement par la Géométrie & par l'Optique: Comme, encore que la Lune ne nous paroisse que d'un pié de diamétre, on la jugera beaucoup plus grande, lors qu'elle se lévera derriére quelque montagne qu'on saura être éloignée d'environ 50 lieuës ou cent mille toises: car s'il y a une maison de cinquante piés de longueur distante de mille toises, & que la Lune, en se levant, paroisse occuper un espace aussi large que cette maison; ceux qui sauront qu'un petit objet en couvre un grand selon la proportion des distances, connoîtront que puisque la Lune est alors éloignée de plus de cent fois davantage que cette grandeur de cinquante piés, elle doit avoir par conséquent son diamétre cent fois plus grand que cinquante piés, c'est à dire plus grand que cinq mille piés; & par d'autres observations que la vûë nous peut fournir, on pourra assurer qu'elle est de plus de cinq cens lieuës de diamétre.

On fera de même à l'égard du Soleil & des autres corps éloignés. Et parce qu'on objecte que rien ne paroît sous sa véritable grandeur, &

 qu'on

qu'on n'en peut faire aucun jugement certain, on en demeurera d'accord ; mais on peut avoir une mesure réelle de cuivre ou d'argent, qu'on appellera un pié ou une coudée, &c. à laquelle on raportera toutes les grandeurs, & desquelles on jugera par raport à celle-là, qui sera déterminée.

L'ouïe a beaucoup de raport à la vûë : car elle se fait selon des lignes droites ; & on juge à peu près de l'éloignement, & de l'endroit où se fait un son, quand il n'y a que de l'air entre deux.

Nous pouvons aussi tomber par ce sens, en quelques erreurs semblables à celles de la vûë.

La premiére est, que l'on croit communément que le son soit par exemple dans la cloche qu'on entend, & qu'elle est sonnante ; au lieu que, selon le principe vingt-neuviéme, elle n'a qu'un simple mouvement & frissonnement de sa matiére, laquelle agitant l'air contigu, & ensuite les nerfs de l'ouïe, nous fait avoir l'apparence de ce que nous appellons son ou bruit, comme nous recevons l'action du corps lumineux sous l'apparence de lumiére.

Les sons se distinguent par aigu & grave, & l'aigu est produit tant par la vitesse du corps qui frappe l'air, que par sa petitesse. Ainsi, une corde de Luth étant tenduë davantage, produit un son plus aigu, parce que ses battemens sont plus vîtes ; & un boulet de canon passant par l'air, fait un son plus grave que celui que fait une balle de mousquet, qui va de même vitesse.

Lorsque les petites vagues ou frissonnemens de l'air qui portent le son, se réfléchissent contre un mur ou contre quelque autre corps dur, & vont ensuite fraper les oreilles ; le son nous paroît venir de l'endroit qui est directement au delà des points de réflexion ; & on juge le son au delà du mur par une raison semblable à celle par laquelle on juge qu'un objet qu'on voit par réflexion, est au delà du miroir ; & on a autant de tort d'appeller image de la voix, le son qui vient aux oreilles par réflexion, que de dire qu'on voit l'image du Soleil, quand on le voit par réflexion dans l'eau ou dans un miroir.

Quand nous recevons la voix par une fenêtre ouverte éloignée de nous, ou par le tuyau d'une cheminée, nous ne pouvons juger de quel côté vient la voix, parce qu'elle nous paroît toujous dans la continuation des lignes droites, par lesquelles l'impression se fait.

L'odorat se fait par des émissions de certaines petites vapeurs & exhalaisons, qui sortant des corps, & entrant dans le nez, font leur impression sur une membrane délicate qui y est, où sont les nerfs de l'odorat, & par ce moyen nous sentons ces petites vapeurs ; & parce qu'elles sont invisibles, nous attribuons l'odeur au corps d'où elles sortent, quoiqu'il n'agisse aucunement sur notre odorat : & c'est par cette raison qu'il est difficile de deviner par l'odeur, où est le corps qui la produit, à cause que ces vapeurs ne vont pas en lignes droites, & qu'elles se ſe meuvent de toutes parts, & ſelon les vents. Les chiens de Chaſſe montrent pourtant à peu près où eſt le gibier qu'ils ſentent.

On ne parle pas exactement, quand on dit que les choſes ont une bonne odeur; car ce n'eſt que par raport aux organes de l'odorat, comme il eſt marqué en la Propoſition 30.

Le goût ne diſcerne proprement que la douceur, l'amertume, le ſalé, l'acre & le piquant, &c. Et ce qui fait le principal agrément des viandes, eſt l'odorat; car quand on les mange, les vapeurs paſſent dans le nez par un petit conduit qui répond au palais; & on ſe trompe, quand on attribuë au goût la bonté des fraiſes & des mouſſerons. Il ne faut pas croire que la ſaveur ſoit réellement dans les viandes; mais ſeulement qu'elles ſont diſpoſées à produire en nous les différentes ſaveurs que nous y trouvons, conformément à la Propoſition 30.

Le ſens de l'attouchement eſt diſpoſé à nous faire ſentir de la douleur dans les endroits de notre corps, où nous avons quelque bleſſure; & nous ne faiſons pas un faux jugement, quand nous croyons que le mal eſt où nous ſentons la douleur, quoique le principe de toutes les ſenſations ſoit dans le cerveau. Ce ſens eſt auſſi diſpoſé à nous faire trouver froid tout ce qui a une chaleur moindre que la nôtre, & chaud ce qui en a une plus grande; & c'eſt par cette raiſon que le froid nous paroît quelque choſe de poſitif, quoique l'on puiſſe croire que ce n'eſt qu'une privation ou une diminution de chaleur.

Lorſque nous plions deux doigts d'une même main en croix, & que nous mettons entre les deux extrémités une petite boule, elle nous paroît double; parce que les nerfs qui ſont dans les doigts, portent au cerveau les mêmes impreſſions, que lors qu'étant en leur ſituation ordinaire, ils touchent deux petites boules.

Enfin les erreurs des ſens ſont faciles à connoître; & on auroit tort de s'en mettre beaucoup en peine, puis qu'elles arrivent rarement, & qu'on les peut corriger facilement. On doit plutôt admirer, qu'encore que toutes nos ſenſations ſe faſſent par des mouvemens de certaines parties du cerveau, la vuë & l'ouïe nous puiſſent faire paroître les choſes hors de nous à de très-grandes diſtances, & à peu près où elles ſont On peut même dire que les erreurs des ſens nous ſont avantageuſes: car l'apparence du ſon dans les cordes d'un Luth, nous chatouille l'ouïe; & les fauſſes couleurs des fleurs, de l'Arc-en-ciel, &c. nous plaiſent beaucoup plus que ſi nous n'appercevions par tout que l'image du Soleil par réflexion, ou qu'elle nous fit voir les différens tiſſus des ſurfaces des corps.

Quoique nous ſoyons détrompez des faux jugemens du vulgaire, touchant les ſenſations; il ne faut pas laiſſer d'en parler comme les autres, & il ne faut pas s'obſtiner à combattre les apparences naturelles que nous donnent les ſens. Ainſi nous dirons que le feu eſt chaud, que le Soleil est lumineux, que le sucre est doux, que la neige est blanche, que les cloches sonnent, qu'un Luth produit une agréable harmonie, &c. Et il suffit de savoir, une fois pour toutes, de quelle façon, & par quelles maniéres les choses nous paroissent comme elles nous paroissent. Enfin, on jugera facilement, que si les organes des sens sont mal disposez, ils ne représenteront pas les choses à l'ordinaire. Ainsi quand les muscles des yeux seront trop foibles pour tourner leurs axes vers un même point, on le verra double; si la langue est imbibée de quelques humeurs bilieuses, on trouvera le vin amer, &c. Ces fausses apparences de nos sens étant connuës par ces raisons, & par quelques autres qu'on pourra découvrir avec un peu de soin, elles ne feront aucun préjudice à l'établissement des sciences; elles pourront même y contribuer, pourvû qu'on en sache bien les causes par plusieurs expériences exactes, & qu'on sache bien conduire son raisonnement par les sciences intellectuelles, & par les Principes 29 & 30.

Ce qui vient d'être dit à l'égard des sens, nous peut faire connoître que l'imagination est insuffisante pour nous bien représenter les choses, qu'elle a beaucoup moins de clarté & d'exactitude que les sensations, & qu'elle nous engage dans les mêmes erreurs. Car de même que la vûë nous fait bien discerner le nombre de cinq ou six pierres mises de suite, & que s'il y en a cinquante ou soixante, elle ne peut nous faire discerner ce nombre d'un autre un peu moindre, ou un peu plus grand; ainsi l'imagination nous fait bien concevoir cinq ou six pierres ensemble posées de suite, mais elle ne peut en faire concevoir distinctement cinquante ou soixante, sinon par la mémoire, quand on les a comptées. De même nous pouvons nous souvenir d'avoir mis cent jettons dans une bourse, après les avoir comptez; mais notre imagination ne peut nous faire concevoir distinctement cent jettons ensemble, non plus que notre vûë ne pourroit nous faire discerner ce nombre de jettons, s'ils étoient épanchez sur une table. Nous ne pouvons aussi former l'idée d'une figure réguliére d'un grand nombre de côtés, par exemple de cent: & quoique par l'application de certaines régles de Géométrie dont nous nous souvenons, nous en puissions dire quelques propriétés par nos discours, comme, que tous les angles intérieurs de cette figure sont égaux à cent quatre-vingts-seize angles droits, il ne s'ensuit pas que nous ayons une idée distincte de ces cent côtés; car même nous ne pouvons concevoir distinctement cent quatre-vingts-seize angles droits. La même chose nous arrive à l'égard de beaucoup d'autres objets; car nous n'en formons que des idées confuses. Celles que nous avons de nous-mêmes est du nombre: celui qui parle de soi, confond & mêle ensemble les idées de son corps, de son esprit, de ce qu'il fait, de ce qu'il peut, & de la plupart des autres choses qui le concernent: c'est pourquoi nous nous trompons souvent en l'opinion de nous-mêmes. Les idées des choses infinies sont très-obscures: car nous les fondons

dons sur les idées des choses finies, en concevant leurs extrémités; & quoique nous en parlions sans erreur, ce que nous en concevons, n'a rien de positif: ceux mêmes qui nous écoutent, reçoivent souvent des idées différentes des choses dont nous parlons.

Nous connoissons si peu notre esprit, c'est à dire, ce qui est en nous le principe actif de la pensée, que lorsque nous parlons de son étenduë & de ses facultés, nous ne pouvons nous accorder. On confond même les idées des choses avec les idées des paroles avec lesquelles nous les exprimons: En voici un exemple. Plusieurs Logiciens très-célébres disent qu'il y a quatre opérations de l'esprit; concevoir, juger, raisonner, & ordonner: ils appellent concevoir la simple idée d'une chose; & juger, lors qu'on affirme ou qu'on nie quelque autre idée de cette première idée, &c. Or il semble que cet ordre ne se doit pas raporter aux opérations internes de l'esprit. Car, lorsque nous avons vû une rose rouge, la plus simple conception & la plus naturelle est lorsque sans effort elle se représente à nous à peu près comme nous l'avons vûë, c'est à dire rouge, avec plusieurs feuilles d'une certaine grandeur & d'une certaine figure; & ainsi quand nous disons que cette rose rouge est rouge, qu'elle a plusieurs feuilles, &c. nous ne faisons qu'exprimer par nos paroles la première & la plus simple opération de notre esprit: Mais si nous voulons attribuer quelque qualité ou quelque action à une rose au delà de ce qui est contenu sous cette premiére idée, comme, qu'elle est rafraichissante; alors le jugement que nous en faisons est ordinairement précédé de plusieurs raisonnemens, & par conséquent il ne peut pas être la seconde opération de notre esprit. Mais il est vrai qu'un nom comme la rose consideré seul, est la premiére & la plus simple partie de nos discours; qu'en lui joignant quelque nom d'attribut, on fait une proposition qui est la seconde chose qu'on peut considérer dans l'expression de nos pensées; que le raisonnement se fait ensuite par l'assemblage de plusieurs propositions; & qu'enfin on fait un discours ou un Livre entier, de plusieurs raisonnemens mis par ordre.

A l'égard des opérations internes de l'esprit, voici l'ordre qu'on y peut remarquer.

La première est le souvenir ou l'imagination d'une chose que nous avons apperçuë par les sens, de la même maniére qu'elle nous a paru.

La seconde est la composition, c'est à dire l'action de l'esprit, par laquelle il joint ensemble plusieurs idées de choses différentes, comme lorsque nous concevons un animal ayant une tête d'homme, un corps de Lion, & des ailes d'Aigle.

La troisiéme est l'abstraction ou séparation, c'est à dire l'action par laquelle nous séparons quelque qualité d'une idée totale, sans penser aux autres qualités, ni à la substance même qui a cette qualité: comme, quand nous pensons à la rougeur, sans penser aux roses, aux pavots & aux autres ſubſtances où nous avons remarqué de la rougeur; que nous penſons à l'étenduë, ſans penſer à la matiére; que nous penſons aux nombres, ſans penſer aux choſes nombrées.

La quatriéme opération de l'eſprit eſt le raiſonnement, c'eſt à dire l'action interne par laquelle nous examinons les raports des choſes entr'elles, ou leurs différences, &c. pour en tirer quelques conſéquences; comme lors qu'après avoir conſidéré abſtractivement la rondeur, & ramarqué pluſieurs de ſes propriétés, nous examinons enſuite ſi ces propriétés conviennent à la terre ou non.

Le jugement, comme, *la terre eſt ronde*, eſt la concluſion d'un raiſonnement; & on le peut conſidérer comme ſa principale partie, ou le prendre, ſi l'on veut, pour une cinquiéme opération de l'eſprit.

L'action interne par laquelle nous méditons l'ordre & la diſpoſition de pluſieurs raiſonnemens pour faire un long diſcours ou un Livre, doit être raportée à la quatriéme opération; car elle n'en eſt différente que comme du plus au moins, puis qu'il nous faut auſſi méditer l'ordre & la diſpoſition des propoſitions qui doivent ſervir à une preuve.

La queſtion célébre, ſi toutes nos idées viennent de nos ſens, eſt difficile à reſoudre. Quelques-uns ſoutiennent que nous avons une idée claire & dictincte de la penſée, & que cette idée ne procéde pas des ſens. Mais cette propoſition eſt équivoque; car elle confond l'exiſtence de la penſée avec ſon eſſence: l'idée que nous avons de l'exiſtence de la penſée eſt certaine & diſtincte; mais celle que nous avons de ſa nature & de ſon eſſence, eſt très-obſcure & incertaine. Pour bien examiner cette queſtion, il faut conſidérer qu'outre les impreſſions que les ſens font dans notre cerveau, il s'en fait par le chagrin, par la colére, par l'inquiétude, par la joiё, &c. qui accompagnent d'ordinaire nos penſées, & qui font une eſpéce de ſentiment de douleur ou de plaiſir, dont nous confondons les idées avec le ſouvenir des choſes que nos penſées nous ont repréſentées: d'où vient que quand nous parlons de nos penſées, nous les conſidérons à peu près comme des actions que nous avons faites, & nous nous ſouvenons fort bien que nous avons eu des penſées: mais nous ne ſavons aucunement comme elles ſe forment; ſi c'eſt par des traces que les impreſſions des objets laiſſent dans le cerveau, ou par des mouvemens de quelques-unes de ſes parties; quelles ſont ces parties, & leurs maniéres de ſe mouvoir; ſi les penſées ſont des modifications de l'ame, ou ſeulement ſon application aux modifications du cerveau: d'où il ſuit que nous n'avons point d'idée claire de la nature & de l'eſſence de la penſée, mais ſeulement de ſon exiſtence, à cauſe du ſentiment intérieur par lequel nous connoiſſons que nous penſons, comme nous connoiſſons que nous parlons, ou que nous écrivons. C'eſt ce ſentiment intérieur qui nous fait reconnoître les choſes que nous avons déja vûës, comme il a été remarqué en la Propoſition 65: ainſi quand nous rencontrons dans un Livre, un endroit que

que nous avons déja lû, il se fait de petits mouvemens de passions, qui nous font naître l'idée des passions semblables que nous avons eües pendant la premiére lecture; ce qui nous fait connoître que nous avons déja lû cet endroit.

Quoique l'imagination soit nommée à cause des images, & des figures des choses apperçûës par les yeux, qu'elle nous représente; elle ne laisse pas de nous représenter les autres sensations, mais sous des idées qui ne sont nullement des images, comme les idées des odeurs, des douleurs, &c. Le toucher peut toutefois faire concevoir une figure; mais la plupart de ces idées, particuliérement celles qui procédent de l'imagination active, sont souvent bien difficiles à expliquer par nos discours, & nous disons aussi très-souvent des choses que nous ne concevons pas. Il est bon de remarquer qu'il y a de fausses apparences de l'imagination, qu'il ne faut pas tâcher de détruire; en voici un exemple. Lors qu'on ouvre la bouche, il est certain que ce n'est que la partie inférieure qui se baisse; mais parce que cette idée pourroit choquer notre imagination, nous sommes naturellement disposez à croire que nous ouvrons également la bouche vers le haut & vers le bas: c'est encore par la même raison que, s'il est vrai que la terre se meuve, l'apparence de son mouvement rapide nous est cachée, parce qu'elle nous feroit frayeur.

Il paroît par les discours précédens, que les fausses apparences de nos sens & de notre imagination ne sont pas beaucoup considérables, & que nous pouvons les corriger par les sens mêmes, & par l'imagination. Ainsi nous pouvons juger par les yeux, qu'il fait plus froid dans es caves en Hiver qu'en Eté, en y portant un Thermométre, & remarquant que sa liqueur s'éléve plus haut au mois d'Août, qu'au mois de Janvier; & nous serons assurez de cette vérité, malgré l'insuffisance du toucher, pour discerner les limites du chaud & du froid.

Si nous savons les régles de la Dioptrique, dont les principes s'établissent par des observations faites avec les yeux, nous pourrons nous détromper d'une erreur qui nous peut mettre en danger en passant une riviére; savoir, que quelques endroits plus profonds que celui où nous sommes, nous paroissent moins profonds par la refraction.

Enfin il faut seulement nous empêcher de juger avec précipitation, & ne nous laisser pas séduire aux premiéres apparences, comme ont fait autrefois quelques Philosophes, qui, pour expliquer les différentes figures de la Lune, supposoient qu'elle n'avoit qu'une moitié lumineuse, & qu'elle la faisoit voir successivement; & ils soutenoient cette hypothêse, parce qu'elle leur paroissoit possible, faute d'en examiner toutes les circonstances qui les eussent détrompez. Il faut donc voir & revoir les choses, y penser & repenser à loisir : car c'est par le défaut d'étenduë de notre imagination, que nous ne voyons pas en même tems toutes les circonstances d'une hypothêse, & nous devons nous en défier

fier par cette raiſon, comme de la principale cauſe de nos erreurs; mais nous ne pouvons nous en défendre qu'en examinant à loiſir, s'il n'y a point d'apparence qui repugne à ce que nous ſuppoſons, & s'il n'y a point d'autre ſyſtême plus juſte. Par ces moyens nous pourrons nous délivrer ſuffiſamment des faux jugemens, & des erreurs des ſens & de l'imagination.

ARTICLE II.

Des faux Raiſonnemens.

LEs Sophiſmes qui procédent des faux raiſonnemens, ſont de deux ſortes.

La premiére eſt, lors qu'une des propoſitions ſur leſquelles on fonde la concluſion, ou toutes les deux, ſont fauſſes ou douteuſes; la ſeconde, quand il n'y a point de connexité entr'elles & la concluſion.

Le Sophiſme qui ſe fait, quand les premiéres propoſitions ſont fauſſes ou douteuſes, s'appelle pétition de principe ou ſuppoſition de principe; & on tombe en ce défaut, lors qu'on prend une propoſition qui n'eſt point principe ni prouvée, pour un principe ou pour une propoſition prouvée. Comme, ſi on prenoit pour principe cette propoſition, *Les contraires ſe guériſſent par les contraires*, on en tireroit une fauſſe conſéquence, ſi on vouloit entreprendre de guérir une brûlure en y appliquant de la glace; car elle ſerviroit ſeulement à rendre froide la partie brûlée, mais elle ne la guériroit pas. C'eſt le même défaut, lors qu'on veut prouver une propoſition par une autre plus obſcure ou également obſcure, ou qu'on la veut prouver par elle-même en la déguiſant, & changeant ſes termes; ce qui eſt contre les Principes 7 & 8. Ainſi la ſixiéme Propoſition des Méchaniques d'*Archiméde* eſt mal prouvée, parce qu'elle eſt prouvée par une autre propoſition plus obſcure: On peut croire que cette propoſition plus obſcure avoit été prouvée ailleurs par *Archiméde*, ou par d'autres Auteurs; & les Géométres modernes doivent ſonger à rétablir cette preuve.

C'eſt le même Sophiſme, lors qu'on prend pour principe une queſtion de fait qui eſt fauſſe. Ainſi quelques Philoſophes ont pris pour principe, que l'air étoit chaud de ſoi-même, ce qui eſt manifeſtement contre l'expérience: car il ſe refroidit peu à peu, quand les cauſes qui l'échaufent ſont éloignées; & on ne peut ſouffrir ſa froideur dans les lieux fort élevez, où la réflexion des rayons du Soleil a peu de force: deſquelles expériences on peut conclure par le Principe 34, que la chaleur ne lui eſt pas naturelle.

Il faut donc examiner avec beaucoup d'exactitude ces queſtions de fait: car naturellement nous croyons ce qui nous eſt dit, ſelon la propoſiposition 68 ; & il arrive souvent que si plusieurs hommes nous disent avec passion une chose, nous la prenons pour principe de fait. Par cette même raison, les Livres imprimez nous persuadent : Et pour ne vouloir pas prendre la peine d'examiner la vérité d'une proposition, ou pour n'en être pas capables ; si un homme d'autorité la propose, nous la recevons d'ordinaire pour véritable : ainsi l'opinion des quatre Elémens, savoir le feu, l'air, l'eau & la terre, a été reçuë pour vraië depuis 2000 ans, par la plupart des hommes, quoiqu'elle soit contraire à la vérité, & aux expériences exactes, comme il est facile de le faire voir. Ce Sophisme est contre les Principes 51 & 52.

On doit ici remarquer qu'il y a bien de la différence entre un bon argument, & une bonne preuve: Car on peut faire des argumens dont les propositions auront de la connexité ; mais leurs premiéres propositions n'étant pas des principes, & étant autant ou plus difficiles à croire que la question, le raisonnement sera inutile: comme, si pour prouver que le marbre est insensible, on disoit

Toutes les pierres sont insensibles.
Le marbre est une pierre.
Donc le marbre est insensible.

Car encore que la derniére proposition soit comprise sous les deux premiéres, l'argument est inutile, & ne prouve rien par le Principe 8, puis qu'il est moins connu que toutes les pierres soient insensibles que le seul marbre. Ce défaut est en quelque façon compris sous la supposition de principe, puisque dire que toutes les pierres sont insensibles, comprend la proposition, *le marbre est insensible*, qui est la question. La plupart des exemples d'argumens qu'on donne dans les Ecoles pour les modes des argumens, sont de cette nature ; & il faut prendre garde que par le Principe 38. les choses sensibles particuliéres établissent les générales, & non au contraire. On peut aussi raporter à la supposition de Principe un défaut de raisonnement qui se fait quand on établit une proposition par une autre, & qu'ensuite on veut prouver cette derniére par la premiére ; c'est ce que les Grecs appelloient Diallèle, c'est à dire preuve mutuelle de deux propositions l'une par l'autre:. on appelle ordinairement ce défaut, cercle de Logique, & il a été remarqué dans le Principe 8.

Quelquefois on prend pour principe une proposition de fait qui est vraië en quelque façon, mais qui est fausse par le plus ou par le moins: comme, quand on dit que le papier est poli, & qu'il devroit servir de miroir ; il est bien vrai qu'il est poli, si on le compare a quelque chose de raboteux, mais il ne l'est pas comme le verre.

Les Sophismes, par le défaut de connexité, se font en plusieurs maniéres. La plupart procédent de l'ambiguité des mots & des façons de parler, ou des différens états des choses, & des différens raports qu'elles ont les unes envers les autres.

Il ne ſera pas inutile d'expliquer ici les plus conſidérables, & de les mettre par ordre avec des exemples, afin d'en faciliter la mémoire.

La premiére eſt, quand un nom qui a des ſignifications entiérement différentes, eſt pris en l'une de ſes ſignifications dans la premiére propoſition de l'argument, & en une autre dans la ſeconde : comme ; ſi on diſoit à un homme qui eſt en peine de quelque choſe ;

Vous avez du ſouci.
Le ſouci eſt une fleur.
Donc vous avez une fleur.

Ce Sophiſme eſt contre la troiſiéme Demande.

La ſeconde eſt, quand on veut inférer qu'une même choſe qui a ſucceſſivement divers noms de ſubſtance, ſoit toujours la même ſubſtance; ou qu'elle conſerve le même nom de qualité, lors qu'elle l'a perduë, & qu'elle en a reçû d'autres : comme,

Vous avez mangé ce que vous avez acheté.
Vous avez acheté de la chair cruë.
Donc vous avez mangé de la chair cruë.

Ce qui eſt contre le Principe 22.

La troiſiéme eſt, quand on veut inférer que les choſes ſemblables en quelque choſe, le ſont en tout ; comme,

Le ſucre eſt blanc.
Ce que je vois eſt blanc.
Donc c'eſt du ſucre.

Cette maniére de Sophiſme nous fait tomber ſouvent en erreur, & nous fait prendre une choſe pour une autre, lors qu'on voit qu'elles ont deux ou trois ſignes ſemblables ; ce qui eſt contre le Principe 37.

La quatriéme eſt, lors qu'on veut inférer que ce qui eſt, en quelque façon, & pour de certains égards, quelque choſe, & en a quelques qualités, eſt cette choſe, & a cette qualité abſolument, & de ſoi-même : comme, le muſc eſt de bonne odeur à quelques-uns, donc il eſt abſolument de bonne odeur ; ce qui eſt contre le Principe 25.

La cinquiéme eſt, lors qu'une choſe ayant des qualités capables de faire des effets contraires, on lui en attribuë un abſolument ; comme,

Ce qui eſt chaud deſſeiche.
Cette eau eſt chaude.
Donc cette eau deſſeichera.

A quoi il faut répondre, qu'elle deſſeichera par ſa chaleur, & qu'elle mouillera par ſon humidité, ſelon le Principe 27 ; & ſi on la met dans un vaiſſeau, & qu'on applique ſur ce vaiſſeau une choſe mouillée, elle pourra la ſeicher.

La ſixiéme eſt, lors qu'on prend une des premiéres propoſitions de l'argument pour véritable, qui ne l'eſt pas en un certain ſens ; comme,

Vous avez ce que vous n'avez pas perdu.
Vous n'avez pas perdu des ailes.
Donc vous avez des ailes.

Pour

Pour rendre véritable la premiére propoſition, il faudroit dire, *ce que vous aviez, & que vous n'avez pas perdu, vous l'avez encore.*

La ſeptiéme eſt, lors qu'on ſe ſert de certains mots dont la ſignification eſt indéterminée, ou fauſſement priſe: comme, lorſque les Médecins appellent purgations, les breuvages qu'ils donnent; que les Sectateurs d'*Ariſtote* appellent cauſes occultes, celles qu'ils ignorent; & que les Cartéſiens expliquent beaucoup d'effets, par ce qu'ils appellent matiére ſubtile. Car, ſi par exemple on fait demeurer d'accord ces derniers, que leur matiére ſubtile n'eſt autre choſe qu'une pouſſiére très-menuë; on concevra clairement que cette pouſſiére aura des figures différentes & la plupart irréguliéres, & que par cette raiſon elles laiſſeront du vuide entr'elles contre leur hypothêſe ordinaire: mais parce que le nom de ſubtil eſt d'une ſignification douteuſe, on ne voit pas bien les défauts de cette hypothêſe. Les conſéquences qu'on tire du cours rapide de cette matiére ſubtile ou pouſſiére très-menuë, des Eſprits ignées, des Eſprits frigorifiques, & d'autres choſes, qu'on peut croire être inventées à plaiſir, ſont de cette nature.

Les Sophiſmes qui ſe fondent ſur la diviſion infinie de l'eſpace, procédent auſſi de ce qu'on ne peut comprendre l'infini, & qu'il n'eſt pas d'une ſignification déterminée, ce qui fait qu'on a peine à donner la ſolution de ces Sophiſmes; mais il ſuffit de faire une preuve contraire facile à comprendre. Comme, ſi on vouloit prouver qu'un homme qui courroit deux fois plus vîte qu'un autre, ne pourroit jamais l'atteindre, ſi ce dernier avoit une lieuë d'avance; parce que pendant que le plus vîte feroit cette lieuë, l'autre feroit une demi-lieuë au delà, & que quand le plus vîte auroit fait cette demi-lieuë, l'autre auroit fait un quart de lieuë au delà, & ainſi à l'infini: il faut répondre, que ſi le plus vîte fait une lieuë en une heure, & l'autre une demi-lieuë dans le même tems, le premier aura fait trois lieuës en trois heures, & l'autre une lieuë & demi, & que par conſéquent le plus vîte l'aura paſſé d'une demi-lieuë; ce dernier raiſonnement eſt clair, & l'autre eſt obſcur.

Et ſi pour prouver qu'il n'y a point de mouvement dans la nature, on dit, *Ce qui eſt mû ſe meut dans le lieu où il eſt, ou dans celui où il n'eſt pas encore; l'un & l'autre eſt impoſſible; donc il ne ſe fait point de mouvement:* il faut répondre qu'il eſt difficile ou impoſſible de comprendre par le détail comme un corps paſſe d'un lieu à un autre, à cauſe que les eſpaces ſont diviſibles à l'infini, & qu'on ne peut comprendre l'infini; mais que c'eſt une choſe très-claire, & qu'aucun raiſonnement ne peut détruire, que les corps changent de place.

La huitiéme eſt, de ſoutenir qu'une propoſition eſt vraië, ſi perſonne ne peut prouver le contraire: car c'eſt à celui qui fait la propoſition, de la prouver; & à ceux à qui elle eſt faite, de voir ſi la preuve eſt bonne.

La neuviéme eſt, lorſque pour perſuader à quelqu'un de faire quelque action, on lui en cache les défauts & les incommodités, & on en agrandit les avantages, ou bien l'on en ſuppoſe de faux : contre lequel Sophiſme il faudra mettre en uſage le Principe 96, en examinant bien toutes les ſuites & les circonſtances de la choſe qu'on nous veut perſuader.

Il y a encore un Sophiſme fort commun à diverſes ſectes pour s'établir, qui eſt de faire voir que leurs adverſaires ſe ſont trompez. Ainſi les *Péripatéticiens* ont crû bien établir leur ſecte en montrant les erreurs de *Platon*, de *Parmenides*, &c. & les *Carteſiens* la leur, en faiſant connoître les erreurs d'*Ariſtote*; car il ſe peut faire que toutes ces ſectes ſoient également pleines d'erreurs. C'eſt un ſemblable Sophiſme, quand pour ſe délivrer du ſoupçon d'un crime, on accuſe quelque autre de ce même crime.

C'eſt auſſi une eſpéce de Sophiſme aſſés ordinaire pour détruire une propoſition véritable, de la tourner en raillerie. Pour repouſſer ce Sophiſme, il faut obliger ceux qui s'en ſervent, à prouver que la propoſition eſt ridicule, & leur ſoutenir qu'il ne ſuffit pas de rire d'une propoſition pour prouver qu'elle eſt fauſſe. On fera de même à l'égard des actions qu'on fait pour choquer nos raiſonnemens, ou pour nous perſuader quelque fauſſeté; comme ſont les pleurs, les ſermens, la colére, la fuite, &c.

Il ſuffit quelquefois, pour faire voir le défaut d'un raiſonnement, d'en faire un ſemblable ſur un autre ſujet, dont la concluſion ſoit évidemment fauſſe: comme, ſi pour prouver que la Géométrie eſt inutile, quelqu'un diſoit qu'elle ne fait pas vivre plus long-tems; on lui pourroit dire que le pain par une ſemblable raiſon ſeroit inutile, parce qu'il n'empêche pas d'avoir froid.

Que ſi l'on veut repouſſer ſérieuſement ce reproche d'inutilité qu'on fait ſouvent à ceux qui propoſent quelques effets curieux de la nature, ou quelque choſe nouvelle dans les Mathématiques; on pourra donner pour exemple l'aiguile aimantée, dont la direction vers le Pole pouvoit paſſer au commencement pour un jeu d'enfant & pour une choſe fort inutile, & cependant elle eſt à préſent d'un uſage preſque néceſſaire pour les longues navigations.

Il faut prendre garde de ne s'étonner point d'une objection qu'on nous fait, qui n'eſt pas du ſujet dont on parle, & ne nous préjudicie en rien; & de ne ſe mettre point en peine de la refuter.

La plupart des Logiciens mettent au rang des Sophiſmes, de donner une cauſe pour une autre. Ce n'eſt pas un Sophiſme, mais une erreur, de prendre une cauſe pour une autre; & le Sophiſme conſiſte en l'apparence des poſſibilités d'une fauſſe hypothêſe, ou en un faux raiſonnement, comme celui-ci. *Si la Lune étoit la moitié lumineuſe, & qu'elle fit une révolution autour de ſon axe en un mois, elle nous paroitroit*

com-

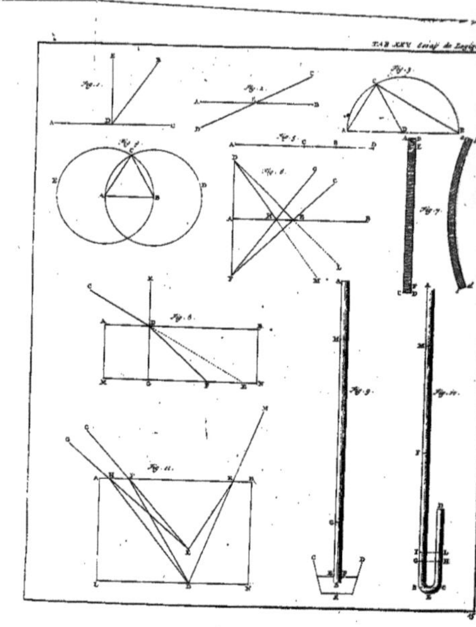

comme elle fait ; donc cette hypothèse est vraië, & c'est la véritable cause de ses divers apparences.

Il se trouve quelquefois des Sophismes très-difficiles à resoudre ; en voici un exemple.

Trois hommes étant ensemble, deux d'entr'eux disent chacun un mensonge ; & le troisiéme n'ayant point encore parlé, fait cette proposition, *Chacun de nous trois a dit un mensonge.* Si on dit que cette proposition est véritable, on objectera que puisque le dernier aura dit vrai, tous les trois n'auront pas menti : si on la dit fausse, on pourra soutenir le contraire ; car il s'ensuivra que tous les trois auront menti, & par conséquent que la proposition sera vraië. La plupart des difficultés de cette nature procédent de ce que les propositions peuvent être considérées selon elles-mêmes, ou selon leurs objets ; ce qu'il faut savoir distinguer pour en pouvoir donner la solution, car une proposition ne se doit pas regarder elle-même, mais un autre objet.

Il y a encore d'autres maniéres de Sophismes ; & les personnes qui ont quelque chose à démêler ensemble, en peuvent inventer plusieurs auxquels les Logiciens n'ont point donné de nom : il n'y aura pas beaucoup de difficulté à les connoître, puis qu'on pourra les reduire tous, ou aux fausses apparences, ou à la supposition de principe, ou au défaut de connexité.

Enfin, si on sait bien se servir des Principes contenus en la premiére Partie, particuliérement des 2, 3, & 4, & de la troisiéme Demande ; on pourra se défendre suffisamment de toutes les fausses preuves, & en refuter la plupart avec assés de facilité.

FIN.

TABLE
DES
MATIÉRES
CONTENUES DANS CES DIFFERENS TRAITEZ, COMME ELLES SE TROUVENT SELON L'ORDRE DE L'IMPRESSION.

DE LA PERCUSSION OU CHOC DES CORPS.

PREMIERE PARTIE.

Pro-

DE LA PERCUSSION OU CHOC DES CORPS.

SECONDE PARTIE. 57

Pro-

PREMIER ESSAI DE PHYSIQUE.

DES MATIERES.

SECONDE PARTIE.

De la Vegetation des Plantes.

TROISIÉME PARTIE.

Des Causes des Vertus des Plantes.

SECOND ESSAI. DE LA NATURE DE L'AIR. 148

Qu'il

TROISIEME ESSAI. DU CHAUD ET DU FROID. 183

OU DISCOURS

Pour faire voir que le froid n'est qu'une privation ou une diminution de chaleur, & que la plupart des lieux souterrains sont plus chauds en Eté qu'en Hiver. 184

QUATRIEME ESSAI. DE LA NATURE DES COULEURS. 195

PREMIERE PARTIE.

EXPLI-

EXPLICATIONS DES PRINCIPALES APPARENCES DE COULEURS CAUSEES PAR LA REFRACTION. 231

SECONDE PARTIE.

DES COULEURS QUI PAROISSENT A TRAVERS L'AIR PUR SUR LES CORPS LUMINEUX ET ILLUMINEZ. 282

Ré-

DU MOUVEMENT DES EAUX.

PREMIÉRE PARTIE.

DE PLUSIEURS PROPRIETEZ DES CORPS FLUIDES, DE L'ORIGINE DES FONTAINES, ET DES CAUSES DES VENTS.

I. DISCOURS.

SECONDE PARTIE.

DE L'EQUILIBRE DES CORPS FLUIDES.

TABLE

TROISIÉME PARTIE.

DE LA MESURE DES EAUX COURANTES ET JAILLISSANTES.

En

QUATRIEME PARTIE.

DE LA HAUTEUR DES JETS.

I. DISCOURS.

CINQUIEME PARTIE.

DE LA CONDUITE DES EAUX, ET DE LA RESISTANCE DES TUYAUX.

I. DISCOURS.

II. DISCOURS.

III. DISCOURS.

RE-

RÉGLES POUR LES JETS D'EAU. 483

NOUVELLE DECOUVERTE TOUCHANT LA VUE,

PREMIERE LETTRE DE MONSIEUR MARIOTTE A MONSIEUR PECQUET.

RÉPONSE DE MONSIEUR PECQUET A LA LETTRE DE MONSIEUR MARIOTTE. 498

SE-

SECONDE LETTRE DE MONSIEUR MARIOTTE A MONSIEUR PECQUET,

Pour montrer que la Choroïde est le principal Organe de la Vuë.

LETTRE DE MONSIEUR PERRAULT A MONSIEUR MARIOTTE.

REPONSE DE MONSIEUR MARIOTTE A LA LETTRE DE MONSIEUR PERRAULT.

TRAITÉ DU NIVELLEMENT. AVEC LA DESCRIPTION DE QUELQUES NIVEAUX nouvellement inventez. 535

TRAITÉ DU MOUVEMENT DES PENDULES. 557

EXPERIENCES TOUCHANT LES COULEURS ET LA CONGELATION DE L'EAU.

ESSAI DE LOGIQUE

Contenant

Les Principes des Sciences, & la maniére de s'en servir pour faire de bons raisonnemens. 610

PREMIERE PARTIE,

Contenant les premiers Principes des Sciences.

SECONDE PARTIE,

Contenant la méthode qu'il faut suivre pour faire de bons raisonnemens. 630

 pe

FIN.

CATA-

CATALOGUE
DE
LIVRES, ET CARTES GEOGRAPHIQUES,

Nouvellement Imprimés & publiés

Chez PIERRE VANDER Aa,

Marchand Libraire à Leide.

DEorum, Dearumque, cum suis Amasiis, Nympharum, Geniorum, Cyclopis & Satyri Effigies, secundum seriem temporis collocatæ. In fol. 3.8.

Summorum Heroum & Conditorum Urbium Imagines, secundum seriem temporis collocatæ. In fol. 5.8.

Collectio Picturarum, quâ Augustissimi Reges, Reginæ cum Liberis & Cæsares secundum seriem temporis sunt compositi. In fol. 7..

Feminarum in fabulari & vera Historia celebriorum facies, ad seriem temporis congestæ. In fol. 1..10

Ducum fortissimorum, atque Imperatorum variorum Populorum repræsentationes, secundum seriem temporis contractorum. In fol. 7. 10

Illustrium Veterum Philosophorum & Legislatorum præcipuorum Imagines, ad seriem temporis conjunctæ. In fol. 4.15.

Celebriorum Poëtarum, Poëtriarum, Vatum, Mimi & Comicarum Personarum Vultus, secundum seriem temporis accumulati. In fol. 4--18

Clarissimorum Rhetorum, Oratorum, Sophistarum, Historicorum, Juris Consulti, Grammatici, aliorumque Scriptorum Icones, secundum seriem temporis collocatæ. In fol. 2.-

Illustrium Græcorum Medicorum secundùm seriem temporis Collectorum Delineationes. In fol. 2--5

Averranii Interpretationes Juris, 8. 1716. 2-12

Markii Dissertationes Philologicæ 4. 1716. 3 8

Oeuvres de Monsr. Mariotte, 4. 2 voll. 1717.

Portraits des Professeurs de Leide. fol. 1717.

Catalogus Librorum, tam Impressorum quam manuscriptorum Bibliothecæ publicæ Universitatis Lugduno-Batavæ, fol. 1716. 10-5

Oeuvres d'Architecture de *Philippe Vingboons*, celébre Architecte de la Ville d'*Amsterdam*, Folio. 2 Tomes. 14-12

Oeuvres d'Architecture de *Pierre Post*, Architecte de Sa Majesté Britanique, *In Folio.* 15-10

La plus nouvelle, la plus exacte, & la plus grande Carte de l'Empire d'Allemagne, divisé en le Royaume de Bohéme & les X Cercles, savoir d'Autriche, Bourgogne, Baviére, l'Electorat du Rhin, le Saxe superieure & inferieure, la Westphalie, la Souabe, la Franconie & le Rhin, avec la Suisse tout entiere, les Mers, Iles, Païs, &c. d'alentour. On y a aussi exactement marqué toutes les Postes & les grands Chemins, de même que les Côtes, Bancs de Sable, Brasses d'Eau, &c. le tout dressé sur les Lieux, & rectifié sur les Nouvelles Observations de Messieurs de l'Academie Royale des Sciences, & de celles des plus habiles Geographes. 9. *feuilles, papier d'Atlas.* 3-5

Les XVII. Provinces du Païs Bas, avec les Terres contigues. Carte la plus Recente, la plus Ample, & la plus Exacte qui ait encore paru: On y trouve distinctement les Villes, les Villages, les Châteaux, les Forteresses, les Abbaïes, Cloîtres, Couvents, &c. Comme aussi les Grans Chemins, les Maisons de Poste, les Côtes, les Bancs de Sable, les Brasses de Profondeur, les Fleuves, les Rivieres, &c. Le tout dessiné sur les Lieux; rectifié & perfectionné sur les Nouvelles Observations de Messieurs de l'Academie Royale des Sciences à Paris; & sur les Remarques des Meil-

Meilleurs Geographes. 9 *feuilles*, *papier d'Atlas*. 3..5

Les Provinces confederées du Païs Bas, avec les Terres adjacentes. Ouvrage confronté de Nouveau, & suivant toute l'exactitude possible, avec les meilleures Cartes qui aïent paru jusqu'à present: Rectifié & augmenté sur les Lieux, par les plus habiles Geographes. On y trouve aussi par tout, les Grans Chemins, les Maisons de Poste, les Côtes, les Bancs de Sable, les Brasses d'Eau, &c. 5 *feuilles*, *papier d'Atlas* 1..15

Le Nouveau Theatre du Monde, ou la Geographie Royale, composée de nouvelles Cartes tres-exactes, dressées sur les observations de *Messieurs de l'Academie Royale des Sciences à Paris*, sur celles des plus celebres Geographes, sur de nouveaux memoires & rectifiés sur les Relations les plus recentes des plus fidéles Voyageurs. Avec une Description Geographique & Historique des quatre parties de l'Univers, desquelles l'*Europe* en detail est écrite par Mr. *Gueudeville*, & les trois autres parties par Mr. *Ferrarius*. Ouvrage qui donne une Idée claire & facile de la Terre, & de ce qu'elle comprend de plus considerable. *In Folio*, en forme d'un Atlas. 22-18

Consultatien en Advysen van Holland, vermeerdert met het Amsterdamse derde deel daar tussen, 4. 6 *deelen* 1716. 18--

Les principaux Edifices & Vues d'Amsterdam, fol. 4-8

Les principaux Edifices & Vues de la Haye & ses environs. fol. 3--

——— de Rotterdam, fol. 1-10

——— de Paris, fol. 2-2

Les principales Vuës de Honslaardyk, fol. 1-16

——— de Loo. fol. 1-18

——— de Versailles, fol. 3-6

——— de Fontainebleau. fol. 1-16

Les Habits & Villes du Monde. fol. 7-13

Theatre des Villes de l'Europe, pour inserer dans les Atlas. fol. 4-16

Les principales Villes & Forteresses fol. 7-10

Les Villes de Frise. fol. 1-4

Habits des Paisans & Paisannes d'Hollande. fol. 1-14

Livre de toutes sortes d'Oiseaux. fol. 1-14

Portraits des Princes & Princesses d'apresent. fol. 2-

Le Monde representé en ses parties &c. fol. 4-2

Delices de la France, 12. 1699. 2 voll. 3-10

——— de la Ville de Leide, 8. 1712. 2-9

——— de l'Espagne & du Portugal, 12. 1715. 6 voll. 10-5

——— de la Grande Bretagne & d'Irlande 12. 1707. 9 voll. 16-17

——— de l'Italie, 12. 1709. 6 voll. 9 10

——— de Rome Ancienne & Moderne, 12. 1713. 10 voll. 15-7

——— de la Suisse 12. 1714. 4 voll. 6-12

AVIS AU RELIEUR.

LE Relieur prendra garde que le papier qui est à côté des Figures doit être conservé pour faire deborder les Figures hors du livre. Il les faut placer dans l'ordre qui suit:

TAB. I. II. III. IV. IV*	Pag. 116	TAB. XXII. XXIII.	556
TAB. V. VI. VII. VIII. IX. X. XI. XII.	320	TAB. XXIV.	600
TAB. XIII. XIV. XV. XVI. XVII. XVIII. XIX. XX. XXI.	476	TAB. XXV.	700

BERIGT AAN DEN BOEK-BINDER.

DEn Boek-binder zy gewaarschouwt het papier ter zyde de Figuren niet af te snyden; maar zodanig in te setten, dat de Figuren buyten het Boek uytslaan; deselve moeten geplaatst werden als hier boven vermeld staat.

www.ingramcontent.com/pod-product-compliance
Ingram Content Group UK Ltd.
Pitfield, Milton Keynes, MK11 3LW, UK
UKHW020242180726
13839UKWH00001B/131

9 782329 496238